W0261521

ISBN 978-3-662-22918-7   ISBN 978-3-662-24860-7 (eBook)
DOI 10.1007/978-3-662-24860-7

Die in den Sitzungsberichten Abt. I und Abt. II der math.-nat. Klasse der Österr. Akad. d. Wiss.
erscheinenden Abhandlungen werden auch einzeln abgegeben. Sie können durch jede Buchhandlung
oder direkt durch die Auslieferungsstelle der Österreichischen Akademie der Wissenschaften (Wien I,
Singerstraße 12) bezogen werden.

Nachfolgende Abhandlungen aus dem Fach **Physik** sind erschienen:

1950 (1950) (S II a, Bd. 159):

Blau Marietta: Bericht über die Entdeckung der durch kosmische Strahlung erzeugten „Sterne'
in photographischen Emulsionen, 4 Seiten. S 4.—

Danninger R. und Sirk H.: Theorie des in einer magnetisch abgelenkten Glimmentladung auftretenden Druckgefälles, 4 Seiten. S 3.40

Feuchtinger K.: Ableitung des zweiten Hauptsatzes für reversible Prozesse (mit 2 Abbildungen).
S 3.40

Glaser W.: Zur wellenmechanischen Theorie der elektronenoptischen Abbildung (mit 2 Abbildungen), 63 Seiten. S 58.—

Haupt H.: Über Phasenkoeffizienten und Albedo der kleinen Planeten Ceres, Pallas, Juno und
Vesta, 20 Seiten. S 21.60

Hess V. F: Persönliche Erinnerungen aus dem ersten Jahrzehnt des Instituts für Radiumforschung, 3 Seiten. S 4.—

Hevesy G. v.: Erinnerungen an die alten Tage am Wiener Institut für Radiumforschung, 2 Seiten. S 4.—

Meyer St.: Die Vorgeschichte der Gründung und das erste Jahrzehnt des Institutes für Radiumforschung, 26 Seiten. S 4.—

Paneth F. A.: Aus der Frühzeit des Wiener Radiuminstituts. Die Darstellung des Wismut-
wasserstoffs, 3 Seiten. S 4.—

Przibram K.: 1920 bis 1938, 7 Seiten. S 4.—

Rieder W.: Der Szilard-Chalmers-Effekt mit langsamen und schnellen Neutronen (mit 5 Abbildungen), MIR Nr. 462, 14 Seiten. S 13.—

Wieninger L. und Adler N.: Über die Verfärbung von nat. Steinsalzkristallen durch Bestrahlung
mit α-Teilchen von RaF (mit 7 Abbildungen), MIR Nr. 472, 12 Seiten. S 13.80

Wieninger L.: Über die Bestrahlung natürlicher, gefärbter Steinsalzkristalle mit α-Teilchen von
RaF (mit 7 Abbildungen), MIR Nr. 466, 15 Seiten. S 15.—

Wieninger L. und Adler N.: Über den Einfluß der Erwärmung auf das Absorptionsspektrum
des mit RaF-x-Strahlen verfärbten Steinsalzes (mit 7 Abbildungen), MIR Nr. 467, 11 Seiten.
S 9.60

Wieninger L.: Über die Verfärbung von gepreßten Steinsalzkristallen durch Bestrahlung mit
α-Teilchen von RaF (mit 5 Abbildungen), 12 Seiten. S 9.60

1951 (S II a, Bd. 160):

Bernert Traude: Radiumbestimmungen an Tiefseesedimenten (mit 3 Abbildungen), MIR Nr. 483,
12 Seiten. S 6.30

Böhm W.: Kolloide und Farbzentren in additiv verfärbtem Steinsalz (mit 5 Abbildungen),
18 Seiten. S 8.—

Brukl A., Hernegger F. und Hilbert Hermine: Zur Kenntnis neuer in der Natur vor-
kommender α-Strahler (mit 9 Abbildungen), MIR Nr. 482, 17 Seiten. S 5.50

Mayerl Margarete: Bestimmungen der optischen Konstanten des Calciums und Anwendung der
Mieschen Theorie auf die Verfärbung des Flußspates (mit 5 Abbildungen), 7 Seiten. S 3.50

Wieninger L.: Ein Beitrag zur Klärung der Frage nach Wesen und Ursprung der Violett- bzw.
Blaufärbung natürlicher Steinsalzkristalle (mit 13 Abbildungen) MIR Nr. 474, 33 Seiten. S 10.50

1952 (S II a, Bd. 161):

Begemann F. und Houtermans F. G.: Herstellung einer Radium-D-E-F-Standard-Lösung,
MIR Nr. 492, 4 Seiten. S 3.40

Brandstaetter F.: Bemerkungen über H. Maches Methode zur Bestimmung des Diffusions-
koeffizienten von Luft in Wasser (mit 4 Abbildungen), 23 Seiten. S 13.—

Hawliczek F.: Eine stabilisierte Kaskadenhochspannung für den Betrieb von Geiger-Müller-
Zählrohren (mit 10 Abbildungen), MIR Nr. 485, 8 Seiten. S 9.—

Aus dem Forschungsinstitut Gastein der Österreichischen Akademie
der Wissenschaften — Mitteilung Nr. 175

Über die langdauernde Einwirkung kleinster Dosen Radiumemanation auf das haemopoetische System von Versuchs=tieren

Von

O. Henn

(Mit 3 Tafeln)

(Vorgelegt in der Sitzung vom 19. Februar 1959)

1. Versuche im Thermalstollen von Badgastein/Böckstein

Anläßlich der physiologischen und therapeutischen Untersuchungen im Thermalstollen Böckstein/Badgastein gewann die Frage nach der biologischen Wirksamkeit kleiner und kleinster Radonkonzentrationen in der Atemluft zunehmend an Interesse. Da bei der Stollentherapie mindestens drei Faktoren: Wärme, Luftfeuchtigkeit und Alpha-Strahlung des inkorporierten Radons zusammenwirken, sie also komplexer Natur ist, eignet sich der Mensch für diese Art von Untersuchungen nicht, da es Ziel der vorliegenden Arbeit sein soll, sich allein mit der Alphastrahlung von Radiumemanation und ihren Folgeprodukten zu beschäftigen. Im Tierversuch jedoch lassen sich diesbezügliche Schwierigkeiten durch geeignete Wahl sowohl des Versuchsortes als auch durch Veränderung der Versuchsbedingungen vermeiden. Dabei sollte versucht werden, die Frage zu klären, ob erstens so kleine Konzentrationen Radiumemanation, wie sie im Thermalstollen zur Verfügung stehen und therapeutisch angewendet werden, biologisch noch objektiv nachweisbar wirksam sind und zweitens, falls die Frage bejaht werden kann, ob damit auch ein schädigender Einfluß verbunden ist. Damit in unmittelbarem Zusammenhang steht das Problem der Toleranzdosis für Radiumemanation.

4*

Das haemopoetische System gilt für Strahleneinflüsse als besonders sensibel. Wir haben daher das periphere Blut sowie Knochenmark und Milz von Mäusen, Meerschweinchen und Kaninchen, die der Einwirkung von Radiumemanation im Thermalstollen verschieden lang ausgesetzt waren, als Grundlage für unsere Untersuchungen genommen. Folgende Versuchsserien wurden 1950—1952 durchgeführt[1]:

Einwirkung einer Emanationskonzentration von $1,8 \cdot 10^{-9}$ C/Liter Luft auf das haemopoetische System folgender Tiere:

1. Weiße Maus (Vers. 1, Tab. 1—3, Abb. 1): 32 Tage.
2. Meerschweinchen (Vers. 2, Tab. 4—6, Abb. 2): 32 Tage.
3. Kaninchen (Vers. 3, Tab. 7): 32 Tage.
4. Meerschweinchen (Vers. 4, Tab. 8—10, Abb. 3): 46 Tage.

Einwirkung einer Emanationskonzentration von $1,0 \cdot 10^{-9}$ C/Liter Luft auf das haemopoetische System folgender Tiere:

5. Meerschweinchen (Vers. 5, Tab. 11—13, Abb. 4): 4 Monate.
6. Weiße Maus (Vers. 6, Tab. 14—16, Abb. 5a—d): 15 Wochen mit anschließender Weiterbeobachtung der Versuchstiere (Vt) durch 23 Wochen.
7. Weiße Maus (Vers. 7, Tab. 17—19, Abb. 6a—d): 13 Wochen mit anschließender Weiterbeobachtung der Vt durch 58 Wochen.

Einwirkung einer Emanationskonzentration von $1,0 \cdot 10^{-9}$ C/Liter Luft:

8. Auf die Absolutwerte der eosinophilen Leukozyten beim Meerschweinchen während 4 Monate (Vers. 8, Tab. 20),
9. auf die Gerinnungszeit des Blutes beim Meerschweinchen während 4 Monate (Vers. 9, Tab. 21).

Ergebnisse

1. Die Einwirkung von $1,8 \cdot 10^{-9}$ C/l Luft Radiumemanation während einer 32tägigen Beatmung auf das haemopoetische System der weißen Maus

Versuchsbedingungen: Aufenthalt der Tiere im Thermalstollen Böckstein/Badgastein, Stollentemperatur 23° C, rel. Feuchtigkeit 90—95%. Verwendet

---

[1] Eine kurze Übersicht der vorliegenden Arbeit wurde im Anzeiger der math.-naturw. Kl. der Österr. Akademie der Wissenschaften Wien, Jahrgang 1957, Nr. 14, S. 283 veröffentlicht.

wurden 29 weiße erwachsene männliche Mäuse, Gewicht 25 g im Mittel; 17 Kontrolltiere (Kt) und 12 Versuchstiere (Vt). Futter: Brot, Äpfel, Wasser; 8 Stunden Kunstlicht. Die Kt wurden unter denselben Verhältnissen abseits vom Stollen in Böckstein gehalten, es entfiel jedoch die Einwirkung von Radiumemanation. Die Kt und Vt wurden nach Versuchsschluß mit Äther narkotisiert und mittels Herzschnitt gleichzeitig getötet. Es entfällt damit eine unterschiedliche Stress-Situation für Vt und Kt. Die Kammerwerte wurden durch Entnahme von Herzblut ermittelt; die Differentialzählung erfolgte aus dem Schwanzblut der lebenden Maus unmittelbar vor der Tötung.

a) Blut: Bei 17 Kt wurden folgende haematologische Werte gefunden, die als Ausgangsbasis für die statistische Auswertung dienten (s. Tab. 1).

Tabelle 1. Vergleich der Blutwerte bei den Kontroll- und Versuchstieren

	Absolutwerte			$^o/_{oo}$	%	%	%	Quot.
	Ery[1]	Leuko[2]	Ly[4]	Gr[4]	Reti[3]	Ly[1]	Gr[5]	Mono[6]	Ly/Gr
Kt (17)	7,90	7000	5250	1645	157	75,0	23,5	1,5	3,19
Vt (12)	7,85	6700	3651	2924	112	54,5	43,5	2,0	1,25

[1] Erythrozyten in Millionen/mm³. [2] Leukozyten. [3] Retikulozyten.
[4] Lymphozyten, [5] Gr = Granulozyten, [6] Mono = Monozyten.

Nach Klieneberger [1] findet man bei der weißen Maus 9 Millionen Erythrozyten pro Kubikmillimeter und 7400 Leukozyten im Mittel. Eine Angabe der Retikulozyten fehlt. Die Erythrozytenwerte unserer Kt zeigten eine Streuungsbreite von 7,7 bis 9,3 Millionen, die Leukozyten von 4300 bis 13.000, die Retikulozyten von 85 bis 176 $^o/_{oo}$. Bei Durchsicht unserer Kt ließ der Ausstrich eine mäßige Polychromasie der Erythrozyten sowie mäßig bis reichlich Thrombozyten erkennen.

Befund: Bei den Vt zeigt sich im roten Blutbild nach einem einmonatigen Aufenthalt unter den angeführten Verhältnissen keine Änderung, die Polychromasie scheint etwas geringer ausgeprägt zu sein als bei den Kt. Auch die Zahl der Leukozyten ist unverändert. Dagegen sinkt die Zahl der Retikulozyten ab, die Schwankungsbreite ist ausgeprägter als bei den Kt. Im Differentialblutbild findet man bei den Vt ein deutliches Absinken der Lymphozyten von 75,5 auf 54,5% und eine Zunahme der Granulozyten von 23,5 auf 43,5%. Dieser Lymphozytensturz tritt sowohl relativ als auch absolut auf (vgl. Tab. 1). Die

Tendenz zur Lymphozytenabnahme bestand bei allen Vt, wenn auch in verschieden starkem Ausmaß. Es kommt daher zu einer Abnahme des Lymphozyten-Granulozyten-Index (Ly/Gr-Index) von 3,19 bei den Kt, auf 1,25 bei den Vt. Weder im roten noch im weißen Blutbild läßt sich morphologisch eine Zellschädigung nachweisen bzw. werden pathologische Zellen gefunden.

b) **Knochenmark**: Dieses wurde aus dem Femur der Maus entnommen. Die mittleren Werte von 11 Kt und 8 Vt sind aus Tab. 2 ersichtlich.

Tabelle 2. Vergleich der Knochenmarksbefunde bei den Kontroll- und Versuchstieren

	%				Quotient Ly/Gr
	Ly	Granulop.[1]	Mesenchymz.[2]	Erythrop.[3]	
Kt (11)	38,5	35,5	18,5	6,5	1,08
Vt (8)	20,5	60,5	14,0	5,0	0,34

[1] Granulopoese. [2] Mesenchymzellen. [3] Erythropoese.

Kt: Lymphozyten: gr. Ly 4,5, kl. Ly 34,0%.
Granulozyten: Myelobl. 0,5%, Promyz. 0%, Myeloz. 0%, Metamyeloz. 1,0%, Stabk. 7,5%, Seg. 14,0%, Übergf. 10,5%, Eo 1,0%, Baso 0%, Mono 1%.
Mesenchymzellen: Reticulumz. 18,0%, Megakaryoz. 1,0%.
Erythropoese: basoph. Erybl. (1) 0,5%, basoph. polychr. (2) 0,5%, oxyph. polychr. Erybl. (3) 0%, Normobl. 5,5%.

Das Femurmark ist bei den Kt zellreich, besteht vorwiegend aus Blutmark und nur mäßig aus Fettmark; Bindegewebe ist gering bis mäßig vorhanden. Bei Durchsicht findet man mäßig bis reichlich Megakaryozyten, vereinzelt Plasmazellen.

Vt: Lymphozyten: gr. Ly 4,0%, kl. Ly 16,5%.
Granulozyten: Myelobl. 1,0%, Promyz. 0%, Myeloz. 0,5%, Metamyeloz. 1,0%, Stabk. 11,0%, Seg. 24,0%, Übergf. 22,0%, Eo 0,5%, Baso 0%, Mono 0,5%.
Mesenchymzellen: Reticulumz. 13,5%, Megakaryoz. 0,5%.
Erythropoese: basoph. Erybl. (1) 0,5%, basoph. polychr. Erybl. (2) 0%, oxyph. polychr. Erybl. (3) 1,0%, Normobl. (4) 3,5%.

Bei Durchsicht der Ausstriche findet man z. T. zellarmes, jedoch überwiegend zellreiches Mark, vorwiegend Blutmark, mäßig Fettmark; Bindegewebe ist wenig bis reichlich vorhanden. Die Megakaryozyten scheinen gegenüber den Kt vermindert. In einzelnen Präparaten fallen Ferratazellen auf. Die Erythropoese scheint leicht vermindert.

Befund: Deutliche Abnahme der Ly und Zunahme der Gr; daher folgt ebenfalls wie im peripheren Blut ein Absinken des Ly/Gr-Quotienten von 1,08 auf 0,34. Die Stammzellen der Gr bleiben zahlenmäßig unverändert, Übergf. und Stabk. nehmen mäßig zu. Wenn man das von Hittmair [2] für das menschliche Knochenmark eingeführte Schema auch für die Maus verwendet (s. Abb. 1), fällt die Linksverschiebung des Knochenmarks ins Auge. Pathologische Zellformen werden nicht beobachtet.

c) Milz: Die Milzausstriche sind Quetschpräparate aus der frischen Milz. Die mittleren Werte von 9 Kt und 8 Vt sind in Tab. 3 enthalten.

Tabelle 3. Vergleich der Milzbefunde bei den Kontroll- und Versuchstieren

	%				Quotient Ly/Gr
	Ly	Granulop.	Mesenchymz.	Erythrop.	
Kt (9)	40,5	12,5	41,0	6,0	3,24
Vt (8)	38,0	22,5	37,5	2,0	1,68

Kt: Lymphozyten: gr. Ly 4,5%, kl. Ly 36,0%.
    Granulozyten: Stabk. 0%, Seg. 6,5%, Übergf. 5,0%, Eo 1,0%.
    Mesenchymzellen: Pulpa 39,0%, Plasma 1,5%, Megakaryoz. 0,5%.
    Erythropoese: basoph. Erybl. (1) 0,5%, basoph. polychr. Erybl. (2) 1,0%,
        oxyph. polychr. Erybl. (3) 1,0%, Normobl. 3,5%.

Bei Durchsicht findet man zellreiche Ausstriche; Pulpazellen und Ly sind vorherrschend; die Erythropoese ist gering bis mäßig ausgebildet; nur wenig Bindegewebe.

Vt: Lymphozyten: gr. Ly 3,5%, kl. Ly 34,5%.
    Granulozyten: Stabk. 0,5%, Seg. 13,5%, Übergf. 7,5%, Eo 1,0%.
    Mesenchymzellen: Pulpa 36,5%, Plasma 1,0%, Megakaryoz. 0%.
    Erythropoese: basoph. Erybl. (1) 0,5%, basoph. polychr. Erybl. (2) 0%,
        oxyph. polychr. Erybl. (3) 0,5%, Normobl. (4) 1,0%.

Bei Durchsicht der Präparate der Vt findet man ebenfalls zellreiche Ausstriche; das Bild wirddurch die Zunahme von Segmentierten und Übergangsformen bunter, Megakaryozyten fehlen oder sind nur vereinzelt vorhanden; die Erythropoese ist gering; das Bindegewebe erscheint gegenüber den Kt etwas vermehrt.

Befund: Bei den Vt kommt es auch in der Milz bei fast gleichbleibender Lymphozytenzahl zu einer mäßigen Zunahme der Gr und damit ebenfalls zu einer Abnahme des Ly/Gr-Quotienten. Pathologisch-morphologische Zellveränderungen treten nicht auf.

2. Die Einwirkung von 1,8.10⁻⁹ C/l Luft Radiumemanation während einer 32tägigen Beatmung auf das haemopoetische System des Meerschweinchens

Versuchsbedingungen: s. Versuch 1. 9 Versuchstiere, 14 Kontrolltiere. Das Gewicht der Tiere betrug 440—570 g. Während der Versuchsdauer erlitten die Vt einen unbedeutenden Gewichtsverlust von 65 g im Mittel.

a) Blut: Die Mittelwerte des peripheren Blutes von 14 Kt sind in Tab. 4 angeführt. Die Blutwerte wurden mittels Ohrschnitt am lebenden Tier gewonnen.

Tabelle 4. Vergleich der Blutwerte bei den Kontroll- und Versuchstieren

	Absolutwerte				$^0/_{00}$ Reti	% Ly	% Gr	% Mono	Quot. Ly/Gr
	Ery	Leuko	Ly	Gr					
Kt (14)	5,45	8800	5148	3476	46	58,5	39,5	1,5	1,48
Vt (9)	5,50	10200	3876	6069	18	38,0	59,5	2,5	0,64

Unsere Werte bei den Kt stimmen gut mit denen von Klieneberger [1] überein, der für Meerschweinchen 5,27 Millionen Erythrozyten und 10.000 Leukozyten angibt. Die Schwankungsbreite bei den roten Blutkörperchen liegt zwischen 4,64 und 5,69, die der weißen zwischen 7900 und 15.300; die Retikulozyten streuen zwischen 18 und 64 $^0/_{00}$.

Bei Durchsicht der Ausstriche zeigt das rote Blutbild mäßig bis reichlich Polychromasie; Thrombozyten sind ebenfalls mäßig bis reichlich vorhanden. Die neutrophil segmentierten Leukozyten weisen eine grobe Granulation auf, die Eosinophilen sind stabkernig. Bei den Vt bleiben die Zählkammerwerte unverändert, wenn man den geringen Anstieg der Leuko infolge der großen normalen Streuungsbreite vernachlässigt. Die Reti sinken ab. Bei Durchsicht der Präparate bemerkt man im roten Blutbild eine geringere Polychromasie als bei den Kt, wenig bis mäßig Thrombozyten; die neutrophil segmentierten Leukozyten sind gröber segmentiert. Wie schon in den vorhergehenden Mäuseversuchen kommt es auch beim Meerschweinchen zu einer relativen und absoluten Lymphozyten-ab- bzw. Granulozytenzunahme.

Befund: Nach einer 32tägigen ununterbrochenen Einwirkung von 1,8 . 10⁻⁹ C/l Luft Radiumemanation tritt beim Meerschweinchen eine deutliche relative und absolute Lymphozytenabnahme und Granulozytenzunahme infolge Ansteigens der Neutrophilen ein.

b) Knochenmark: Ebenso wie bei den Mäusen wurde den Meerschweinchen das Knochenmark aus dem Femur entnommen. Die Werte sind in Tab. 5 eingetragen.

Tabelle 5. Vergleich der Knochenmarksbefunde bei den Kontroll- und Versuchstieren

	%				Quotient
	Ly	Granulop.	Mesenchymz.	Erythrop.	Ly/Gr
Kt (5)	29,0	41,0	18,5	11,5	0,71
Vt (9)	19,0	53,0	18,0	10,0	0,36

Kt: Lymphozyten: gr. Ly 5,5%, kl. Ly 23,5%.
  Granulozyten: Myelobl. 1,0%, Metamyeloz. 1,0%, Stabk. 4,0%, Seg. 18,0%,
    Übergf. 7,0%, Eo 9,5%, Mono 0,5%.
  Mesenchymzellen: Reticulumz. 16,5%, Mastz. 1,0%, Megakaryoz. 1,0%.
  Erythropoese: Ery (1) 2,5%, (2) 1,5%, (3) 2,0%, (4) 5,5%.

Bei Durchsicht der Präparate bemerkt man ein zellreiches Mark, vorwiegend Blutmark, mäßig Fettmark, wenig Bindegewebe; Megakaryozyten sind mäßig bis reichlich vertreten; reichliche und lebhafte Erythropoese.

Vt: Lymphozyten: gr. Ly 5,5%, kl. Ly 13,5%.
  Granulozyten: Myelobl. 0,5%, Promyz. 0,5%, Metamyeloz. 1,0%, Stabk.
    7,0%, Seg. 31,0%, Übergf. 7,0%, Eo 6,0%, Mono 0%.
  Mesenchymzellen: Reticulumz. 16,5%, Mastz. 0,5%, Megakaryoz. 1,0%.
  Erythropoese: Ery (1) 1,0%, (2) 1,5%, (3) 4,0%, (4) 3,5%.

Man findet in den Ausstrichen der Vt ebenfalls ein zellreiches Mark, vorwiegend Blutmark, mäßig Fettmark, Bindegewebe ist mäßig bis reichlich vorhanden. Eosinophile sind reichlich, Megakaryozyten mäßig bis reichlich zu finden; die Erythropoese ist gegenüber den Kt unverändert.

Befund: Auch im Knochenmark nehmen bei den Vt die Ly relativ zugunsten der Gr ab; die Stammzellen und Jugendformen der Gr bleiben zahlenmäßig unverändert, die segmentierten Gr nehmen beträchtlich zu (Abb. 2). Pathologische Zellformen werden nicht beobachtet.

c) Milz: Aus dem Quetschpräparat der frischen Milz wurden beim Meerschweinchen folgende Befunde erhoben (vgl. Tab. 6).

Tabelle 6. Vergleich der Milzbefunde bei den Kontroll-
und Versuchstieren

| | % | | | | Quotient |
	Ly	Granulop.	Mesenchymz.	Erythrop.	Ly/Gr
Kt (6)	31,0	27,0	37,5	4,5	1,14
Vt (9)	21,5	31,0	43,0	4,5	0,69

Kt: Lymphozyten: gr. Ly 4,0%, kl. Ly 27,0%.
  Granulozyten: Metamyeloz. —, Stabk. 0,5%, Seg. 19,0%, Übergf. 2,0%,
    Eo 5,0%, Mono 0,5%.
  Mesenchymzellen: Pulpa 36,5%, Mastz. 1,0%, Megakaryz. —.
  Erythropoese: Ery (1) 0,5%, (2) 1,0%, (3) 1,0%, (4) 2,0%.

Zellreicher Strich, Ly und Pulpazellen vorherrschend bei starker Eosinophilie,
Megakaryozyten von Null bis reichlich; Thrombozytenhaufen. Erythropoese unauffällig; Bindegewebe wenig bis mäßig anzutreffen.

Vt: Lymphozyten: gr. Ly 4,0%, kl. Ly 17,5%.
  Granulozyten: Metamyeloz. —, Stabk. —, Seg. 25,0%, Übergf. 3,0%, Eo
    2,5%, Mono 0,5%.
  Mesenchymzellen: Pulpa 43,0%, Mastz. —, Megakaryoz. —.
  Erythropoese: Ery (1) 0,5%, (2) 0,5%, (3) 2,0%, (4) 1,5%.

Zellreiche Striche mit vorherrschend Pulpazellen, bunteres Bild als bei den
Kt; Megakaryozyten von Null bis mäßig, vereinzelt Plasmazellen; Thrombozytenhaufen; Bindegewebe unauffällig.

Befund: Auch in der Milz ist ein Lymphozytenabfall festzustellen.
Die Erythropoese ist unverändert. Morphologisch sind keine pathologischen Zellveränderungen zu erkennen.

*3. Die Einwirkung von 1,8 . 10^{-9} C/l Luft Radiumemanation während
einer 32tägigen Beatmung auf das Blutbild des Kaninchens*

Versuchsbedingungen: 7 erwachsene Kaninchen mit 2500 g im Mittel
wurden unter denselben Bedingungen wie Mäuse und Meerschweinchen durch
32 Tage im Stollen mit Radiumemanation beatmet. Die Blutbefunde sind in Tab. 7
zusammengefaßt. Das Blut von 3 Kt und 7 Vt wurde aus der Ohrvene entnommen.

Tabelle 7. Vergleich der Blutwerte bei den Kontroll- und
Versuchstieren

| | Absolutwerte | | | | % | % | % | % | Quot. |
	Ery	Leuko	Ly	Gr	Mast	Ly	Gr	Mono	Ly/Gr
Kt (3)	5,20	6400	4300	1888	2,0	67,5	29,5	1,0	2,29
Vt (7)	4,65	7600	3458	3952	1,5	45,5	52,0	1,0	0,85

Befund: Wie bei Mäusen und Meerschweinchen kommt es auch beim Kaninchen zu einer absoluten und relativen Abnahme der Ly und Zunahme der Gr. Der Ly/Gr-Quotient sinkt daher von 2,29 auf 0,85 ab, prinzipiell gleich wie in den vorhergehenden Versuchen. Pathologische Zellformen werden nicht gefunden.

4. Die Einwirkung von 1,8 . 10^{-9} C/l Luft Radiumemanation während einer 46tägigen Beatmung auf das haemopoetische System des Meerschweinchens

Versuchsbedingungen: 4 junge männliche Meerschweinchen mit 300 g im Mittel wurden unter denselben Bedingungen wie die vorigen Versuchstiere durch 46 Tage im Stollen mit 1,8 . 10^{-9} C/l Luft Radiumemanation beatmet.

a) Blut: Die Befunde sind aus Tab. 8 zu entnehmen.

Tabelle 8. Vergleich der Blutwerte bei den Kontroll- und Versuchstieren

	Absolutwerte				⁰/₀₀ Reti	% Ly	% Gr	% Mono	Quot. Ly/Gr
	Ery	Leuko	Ly	Gr					
Kt (14)[1]	5,45	8800	5148	3476	46,0	58,5	39,5	1,5	1,48
Vt (4)	5,31	7700	3350	4235	10,5	43,5	55,5	1,0	0,79

[1] Die Werte der Kt wurden aus Tab. 4 entnommen.

Die Blutausstriche zeigen dasselbe Bild wie das der vorhergehenden Versuchsreihen.

Befund: Das rote Blutbild bleibt unverändert, ebenso die Zählkammerwerte der roten und weißen Blutkörperchen. Die Reti fallen noch stärker ab wie in Versuch 2 (vgl. Tab. 4). Auch bei diesem Versuch besteht wieder eine ausgeprägte absolute und relative Lymphozytenabnahme bzw. Zunahme der Gr. Dementsprechend nimmt auch der Ly/Gr-Quotient erheblich ab. Morphologisch werden keine pathologischen Zellen gefunden.

b) Knochenmark: s. Tab. 9.

Kt: Legende s. Versuch 2 zu Tab. 5.

Vt: Lymphozyten: gr. Ly 2,5%, kl. Ly 14,0%.
Granulozyten: Myelobl. 1,0%, Promyz. 0,5%, Myeloz. 1,0%, Metamyeloz. 1,0%, Stabk. 10,0%, Seg. 30,5%, Übergf. 2,0%, Eo 4,0%, Mono 0,5%.

Tabelle 9. Vergleich der Knochenmarksbefunde bei den Kontroll- und Versuchstieren

	%				Quotient Ly/Gr
	Ly	Granulop.	Mesenchymz.	Erythrop.	
Kt (5)[1]	29,0	41,0	18,5	11,5	0,71
Vt (4)	16,5	50,5	22,5	10,5	0,33

[1] Die Werte der Kt wurden aus Tab. 5 entnommen.

Mesenchymzellen: Reticulumz. 20,0%, Mastz. 1,0%, Megakaryoz. 1,5%.

Erythropoese: Ery (1) 1,0%, (2) —, (3) 3,0%, (4) 6,5%.

Bei Durchsicht findet man ein zellreiches Mark, vorwiegend Blutmark, mäßig bis reichlich Fettmark, mäßig Bindegewebe, reichlich Megakaryozyten, einzelne Ferratazellen. Die Erythropoese ist mäßig bis lebhaft. Kein wesentlicher Unterschied gegenüber den Kt.

Befund: Auch im Knochenmark der Vt kommt es wiederum zu einer Lymphozytenabnahme und einer leichten Zunahme der Gr und Mesenchymzellen. Bild der Linksverschiebung im Knochenmark (Abb. 3). Die Erythropoese bleibt unverändert. Pathologische Formen kommen nicht zur Beobachtung.

c) Milz: Über die relativen Zellverschiebungen gibt Tab. 10 Auskunft.

Tabelle 10. Vergleich der Milzbefunde bei den Kontroll- und Versuchstieren

	%				Quotient Ly/Gr
	Ly	Granulop.	Mesenchymz.	Erythrop.	
Kt (6)[1]	31,0	27,0	37,5	4,5	1,14
Vt (4)	20,5	23,0	54,5	3,0	0,89

[1] Die Werte der Kt wurden aus Tab. 6 entnommen.

Kt: Legende s. Versuch 2, Tab. 6.

Vt: Lymphozyten: gr. Ly 1,5%, kl. Ly 19,0%.
   Granulozyten: Stab. 1,0%, Seg. 20,5%, Übergf. 1,0%, Eo —, Mono 0,5%.
   Mesenchymzellen: Pulpa 54,0%, Mastz. 0,5%.
   Erythropoese: Ery (1) 0,5%, (2) 0,5%, (3) 0,5%, (4) 1,5%.

Man sieht mäßig bis zellreiche Striche, reichlich Bindegewebe, auffallend viel Fettgewebe, Megakaryozyten fehlen; vereinzelt treten Plasmazellen auf, einzelne Ly zeigen Phagozytosetätigkeit. Die Erythropoese ist gering.

Befund: Die Ly-Abnahme ist wiederum deutlich, die Gr verhlaten sich uncharakteristisch; die Pulpazellen sind gegenüber den Kt vermehrt. Die Erythropoese bleibt unverändert. Pathologische Zellformen treten nicht auf.

5. Die Einwirkung von 1,0 . 10^{-9} C/l Luft Radiumemanation während einer 4monatigen Beatmung auf das haemopoetische System des Meerschweinchens

Versuchsbedingungen: 8 Meerschweinchen mit 400—450 g wurden durch 4 Monate im Thermalstollen Böckstein unter den bereits angeführten Bedingungen belassen. Am Aufenthaltsort der Tiere wurde im Jahre 1952 vom Physiker des Forschungsinstitutes Gastein, E. Pohl[2], eine mittlere Emanationskonzentration von 1,0 . 10^{-9} C/l Luft gemessen. Alle Tiere machten trotz des 4monatigen Aufenthaltes im Stollen zum Zeitpunkt der Tötung einen gesunden Eindruck und hatten eine Gewichtszunahme von 100—150 g zu verzeichnen.

a) Blut: Die Werte von 8 Kt und 8 Vt nach der 4monatigen Radoneinwirkung sind in Tab. 11 gegenübergestellt. Die Werte der Kt differieren nur unwesentlich von jenen des Versuches 2 (vgl. Tab. 4) und bewegen sich innerhalb der physiologischen Schwankungsbreite.

Tabelle 11. Vergleich der Blutwerte bei den Kontroll- und Versuchstieren

	Absolutwerte				% Ly	% Gr	% Mono	Quotient Ly/Gr
	Ery	Leuko	Ly	Gr				
Kt (8)		6900	4240	2570	61,0	37,0	2,0	1,65
Vt (8)		6750	3307	3375	49,0	50,0	1,0	0,98

Befund: Wie bei allen bisherigen Versuchen zeigt sich im peripheren Blutbild eine relative und absolute Lymphozytenab- und Granulozytenzunahme. Dementsprechend nimmt auch der Ly/Gr-Quotient ab. Außer den Ly vermindern sich auch die eosinophilen Zellen des Differentialausstriches von 2,5% bei den Kt auf 0,5% bei den Vt. Pathologische Zellformen kommen nicht zur Beobachtung.

---

[2] Für die Überlassung der Ergebnisse der zahlreichen Emanationsmessungen im Thermalstollen Böckstein bin ich Dr. E. Pohl zu besonderem Dank verpflichtet.

b) Knochenmark: s. Tab. 12.

Tabelle 12.　Vergleich der Knochenmarksbefunde bei den
Kontroll- und Versuchstieren

| | % | | | | Quotient |
	Ly	Granulop.	Mesenchymz.	Erythrop.	Ly/Gr
Kt (10)	31,0	45,0	13,5	10,5	0,69
Vt (8)	7,5	69,5	13,5	9,5	0,11

Kt: Lymphozyten: gr. Ly 3,0%, kl. Ly 28,0%.
　　Granulozyten: Myelobl. 1,0%, Promyz. 1,0%, Myeloz. 1,5%, Eo-Myeloz.
　　　　0,5%, Jk 2,0%, Stabk. 8,0%, Seg. 21,0%, Übergf. 2,0%, Eo 6,0%,
　　　　Ba —, Mono 2,0%.
　　Mesenchymzellen: Reticulumz. 11,0%, Megakaryoz. 1,5%, Plasmaz. —,
　　　　Mastz. 1,0%.
　　Erythropoese: Ery (1) 0%, (2) 0,5%, (3) 6,5%, (4) 3,5%.

Vt: Lymphozyten: gr. Ly 1,0%, kl. Ly 6,5%.
　　Granulozyten: Myelobl. 1,5%, Promyz. 2,0%, Meyloz. 2,0%, Eo-Myeloz.
　　　　0,5%, Metamyeloz. 3,5%, Stabk. 13,5%, Seg. 35,5%, Übergf. 0,5%,
　　　　Eo 9,0%, Mono 1,5%.
　　Mesenchymzellen: Reticulumz. 10,0%, Mastz. 1,5%, Plasmaz. 1,0%, Mega-
　　　　karyoz. 1,0%.
　　Erythropoese: Ery (1) 0,5%, (2) 1,0%, (3) 3,0%, (4) 5,0%.

Bei den Vt findet man im Ausstrich durchwegs reichlich Blutmark, wenig
Fettmark und wenig Bindegewebe. Die Erythropoese ist mäßig bis lebhaft; einzelne Mitosen kommen zur Beobachtung.

Befund: Bei gleichbleibendem relativen Anteil der Mesenchym-
zellen und der Vorstufen der Erythropoese kommt es zu einem starken
Absinken der Ly und einer Zunahme der Gr. Durch das Ansteigen der
Stabkernigen entsteht wieder eine deutliche Linksverschiebung im
Knochenmark (Abb. 4). Der Ly/Gr-Quotient erreicht mit 0,11 den bis-
her niedrigsten Wert.

c) Milz: s. Tab. 13.

Befund: Die Ausstriche sind zellreich, Bindegewebe ist nur mäßig
vorhanden. Die Ly zeigen eine auffallende Phagozytose. Auch in der
Milz kommt es zu dem gewohnten Bild der Ly-Abnahme und zur Zunahme der Gr. Die Erythropoese erscheint im Strich unverändert.

Tabelle 13. Vergleich der Milzbefunde bei den Kontroll-
und Versuchstieren

	%				Quotient Ly/Gr
	Ly	Granulop.	Mesenchymz.	Erythrop.	
Kt (10)	36,0	17,0	45,5	1,5	2,06
Vt (8)	18,5	28,0	51,5	2,0	0,66

*6. Die Einwirkung von 1,0 . 10⁻⁹ C/l Luft Radiumemanation während
einer 15wöchigen Beatmung auf das haemopoetische System der weißen
Maus mit anschließender Weiterbeobachtung der Vt durch 23 Wochen*

Versuchsbedingungen: 22 junge männliche Mäuse mit einem Durchschnittsgewicht von 8 g wurden unter den schon bekannten Bedingungen bei
einer Dosisleistung von $1,0 . 10^{-9}$ C/l Luft Radon durch 15 Wochen beatmet.
Die Tiere haben während der Versuchsdauer normal an Gewicht zugenommen;
die 16 Wochen nach dem Stollenaufenthalt getöteten Tiere wogen im Mittel 27 g,
die nach 23 Wochen getöteten 29 g. 4 Vt sind während der Versuchszeit aus unbekannter Ursache eingegangen. Tumoren wurden nicht beobachtet.

Dieser und der folgende Versuch sollen Aufschluß über den weiteren
Verlauf der Veränderungen geben, welche im haemopoetischen System
der Vt nach Beendigung einer mehrwöchigen Beatmung mit Radiumemanation auftreten, wobei die Zeitdauer bis zur Tötung variiert wurde.

a) Blut: Wie aus Tab. 14 ersichtlich, sind die Kammerwerte bei
den Kt gegenüber den vorhergehenden Mäuseversuchen sehr niedrig;
wir bringen dies mit dem jugendlichen Alter der Tiere in Zusammenhang.

Befund: Nach 15wöchiger Beatmung mit Radiumemanation sind
die Kammerwerte und der Haemoglobingehalt der Vt normal und bleiben
es auch in den auf die Beatmung folgenden Wochen. Die Differentialzählung zeigt auf, daß es im peripheren Blut schon nach kurzfristigem
Aufenthalt in der radonhaltigen Atmosphäre zu dem bereits bekannten
Bild der Lymphozytenab- und Granulozytenzunahme kommt. Die Tendenz beginnt sich schon nach 2tägiger Beatmung anzubahnen und erreicht nach 7 Tagen ein Maximum. Die 15wöchige Beatmung ergibt
qualitativ und quantitativ prinzipiell dieselben Resultate (Ly/Gr-
Quotient 1,54 nach 1wöchiger bzw. 1,57 nach 15wöchiger Beatmung).

Tabelle 14. Vergleich der Blutwerte bei den Kontroll- und Versuchstieren

Zahl d. Tiere	Stollen- aufenthalt	Absolutwerte				%			Quot. Ly/Gr
		Ery	Leuko	Ly	Gr	Ly	Gr	Mono	
Kt (8)		4,24	2420	1767	629	73,0	26,0	1,0	2,81
Vt (5)	2 Tage	—	—	—	—	71,5	28,0	0,5	2,55
Vt (5)	3 Tage	—	—	—	—	69,5	30,0	0,5	2,32
Vt (5)	4 Tage	—	—	—	—	65,5	33,5	1,0	1,91
Vt (5)	5 Tage	—	—	—	—	65,5	34,0	0,5	1,93
Vt (5)	7 Tage	—	—	—	—	60,0	39,0	1,0	1,54
Vt (5)	15 Wochen	6,40	5100	3085	1963	60,5	38,5	1,0	1,57
nach Stollenaufenthalt									
Vt (5)	1 Woche	—	—	—	—	60,5	38,5	1,0	1,57
Vt (5)	2 Wochen	—	—	—	—	61,5	37,0	1,5	1,67
Vt (5)	4 Wochen	—	—	—	—	64,0	31,0	0,5	1,80
Vt (5)	8 Wochen	—	—	—	—	51,5	47,0	1,5	1,10
Vt (5)	16 Wochen	5,80	6800	3910	2720	57,5	40,0	2,5	1,44
Vt (5)	23 Wochen	5,50	4900	3013	1837	61,5	37,5	1,0	1,64

Auch in den auf die Beatmung folgenden Wochen erreicht das Differentialblutbild nicht die Werte der Kt, so daß wir 23 Wochen nach Beendigung der Radiumemanationsbeatmung der Vt dasselbe Differentialblutbild vorfinden wie während der Beatmung (vgl. Tab. 14). Der Ly/Gr-Quotient bleibt erniedrigt.

b) Knochenmark: s. Tab. 15.

Tabelle 15. Vergleich der Knochenmarksbefunde bei den Kontroll- und Versuchstieren

Zahl d. Tiere	Stollen- aufenthalt	%				Quot. Ly/Gr
		Ly	Granulop.	Mesenchymz.	Erythrop.	
Kt (5)		24,0	42,5	30,0	3,5	0,56
Vt (5)	1 Woche	10,0	46,5	24,5	19,0	0,21
Vt (5)	15 Wochen	11,0	57,0	22,0	10,0	0,19
nach Stollenaufenthalt						
Vt (5)	16 Wochen	8,0	58,5	23,0	10,5	0,14
Vt (6)	23 Wochen	6,5	61,5	25,0	7,0	0,10

Befund: Noch viel prägnanter als das Blut zeigt das Knochenmark die Tendenz zur Verschiebung des Ly/Gr-Quotienten. Bereits nach 1wöchiger Einwirkung von Radon sinken die Ly um mehr als die Hälfte ab, nach 15wöchiger Beatmung ist die Ly-Abnahme gleichbleibend, während die Gr-Zunahme nun deutlich erkennbar wird. Obwohl während der auf die Beatmung folgenden Beobachtungszeit keinerlei Einwirkung von Emanation auf die Vt ausgeübt wird, nehmen die Ly weiterhin ab und erreichen 23 Wochen nach dem Stollenaufenthalt, am Ende des Versuches also, ihren niedrigsten Wert. Die Erythropoese nimmt während der ersten Tage im Stollen stark, von 3,5 auf 19,0%, zu, sinkt im Laufe der folgenden Wochen mäßig ab, behält aber gegenüber den Kt höhere Werte. Es nehmen vor allem die jungen Formen der Gr zu, die auch im peripheren Blut auftreten: die Übergangsformen und Stabkernigen, während die Segmentkernigen abnehmen. Es entsteht wiederum das Bild der Linksverschiebung, die sich auch noch in den auf die Beatmung folgenden Wochen verstärkt und nach 23 Wochen (Tötung der letzten Tiere) am ausgeprägtesten ist (s. Abb. 5a—d). Diese Befunde sind nicht nur bei jeder Versuchsgruppe, sondern bei jedem einzelnen Tier grundsätzlich dieselben.

c) Milz: s. Tab. 16.

Tabelle 16. Vergleich der Milzbefunde bei den Kontroll- und Versuchstieren

Zahl d. Tiere	Stollen-aufenthalt	%				Quot. Ly/Gr
		Ly	Granulop.	Mesenchymz.	Erythrop.	
Kt (5)		29,0	12,0	54,0	4,5	2,32
Vt (5)	1 Woche	36,0	9,0	40,5	14,5	4,00
Vt (5)	15 Wochen	41,0	11,0	44,5	3,5	3,73
nach Stollenaufenthalt						
Vt (5)	16 Wochen	29,5	16,5	51,5	2,5	1,84
Vt (6)	23 Wochen	26,5	15,5	56,0	2,0	1,70

Befund: Die Ly und Gr der Milz verhalten sich nicht charakteristisch, eine Gesetzmäßigkeit kann nicht gefunden werden. Auffallend ist lediglich die starke Erythropoesetätigkeit nach einem 1wöchigen Stollenaufenthalt, die in guter Übereinstimmung mit der Erythropoese des Knochenmarks steht. Da es sich um sehr junge, nur 8 g schwere Tiere handelte, könnte damit das Abweichen der Milzbefunde von den bisherigen Resultaten erklärt werden.

7. Die Einwirkung von 1,0 . 10^{-9} C/l Luft Radiumemanation während einer 13wöchigen Beatmung auf das haemopoetische System der weißen Maus mit anschließender Weiterbeobachtung der Vt durch 58 Wochen

Versuchsbedingungen: s. Versuch 6. Zur Verwendung gelangten 24 junge Mäuse mit 8 g Durchschnittsgewicht. 2 Tiere sind während des Versuches, 3 im Laufe der folgenden Wochen eingegangen. Die übrigen Tiere haben normal an Gewicht zugenommen; die letzten, 58 Wochen nach der Beatmung getöteten Tiere wogen 30 g.

a) Blut: Die erhobenen Blutbefunde sind aus Tab. 17 ersichtlich.

Tabelle 17. Vergleich der Blutwerte bei den Kontroll- und Versuchstieren

Zahl d. Tiere	Stollen-aufenthalt	Absolutwerte				%			Quot. Ly/Gr
		Ery	Leuko	Ly	Gr	Ly	Gr	Mono	
Kt (8)[1]		4,24	2420	1767	629	73,0	26,0	1,0	2,81
Vt (5)	1 Woche	5,20	2230	1505	713	67,5	32,0	0,5	2,11
nach Stollenaufenthalt:									
Vt (5)	1 Woche	—	—	—	—	56,5	43,0	0,5	1,31
Vt (4)	2 Wochen	—	—	—	—	52,5	50,5	1,0	1,13
Vt (5)	4 Wochen	—	—	—	—	62,5	32,5	0,5	1,69
Vt (5)	8 Wochen	—	—	—	—	65,0	34,0	1,0	1,91
Vt (5)	16 Wochen	5,96	5200	3120	2002	60,0	38,5	1,5	1,56
Vt (5)	30 Wochen	5,46	5900	4248	1652	72,0	27,5	0,5	2,62
Vt (4)	58 Wochen	5,70	3900	2398	1462	61,5	37,5	1,0	1,64

[1] Die Kt des vorhergehenden Versuches dienten auch für diesen als Vergleichsbasis.

Befund: Bei diesen jungen Tieren steigen die Ery während einer 1wöchigen Beatmung sprunghaft von 4,24 auf 5,20 Millionen/mm³ an; gleichermaßen das Hb von 52 auf 76%. Die Kammerwerte bleiben während der gesamten auf den Stollenaufenthalt folgenden Versuchsdauer unauffällig. Im Differentialblutbild zeigt sich die Tendenz der

Ly/Gr-Verschiebung bereits wieder nach einem 1wöchigen Aufenthalt im Stollen an und ist 14 Tage nach der Beatmung am ausgeprägtesten. Von diesem Zeitpunkt an macht sich ein allmählicher Anstieg der Ly bemerkbar; die Granulozytenwerte sind jedoch Schwankungen unterworfen. Bei Versuchsende, also 58 Wochen nach dem Stollenaufenthalt, sind zwar die Ausgangswerte nicht erreicht, wohl aber ist die physiologische Alterung der Tiere zu berücksichtigen.

Langendorff [3] hat besonders darauf hingewiesen, daß es bei der Ratte im Alter zu einer physiologischen Lymphozytenabnahme kommt. Es dürfte berechtigt sein, dies bei der Maus ebenfalls anzunehmen.

b) Knochenmark: s. Tab. 18.

Tabelle 18. Vergleich der Knochenmarksbefunde bei den Kontroll- und Versuchstieren

Zahl d. Tiere	Stollen- aufenthalt	%				Quot. Ly/Gr
		Ly	Granulop.	Mesenchymz.	Erythrop.	
Kt (5)		24,0	42,5	30,0	3,5	0,56
Vt (5)	1 Woche	12,0	58,0	28,0	2,0	0,21
nach Stollenaufenthalt						
Vt (5)	16 Wochen	7,0	58,5	27,5	7,0	0,12
Vt (5)	30 Wochen	7,5	58,5	29,0	5,0	0,12
Vt (4)	58 Wochen	8,0	62,5	26,0	3,5	0,13

Befund: Im Knochenmark sehr junger Mäuse findet man durchweg reichlich Blutmark, wenig Fettmark sowie wenig Bindegewebe. Die Gr bestehen vorwiegend aus neutrophilen Segmentierten (20%), Übergf. und Stabk. (15,5 bzw. 4,0%). Die Vt zeigen ein ähnliches Übersichtsbild. Nach 1wöchiger Beatmung mit Radiumemanation sinken die Ly auf die Hälfte ab, die Gr steigen durch ausschließliche Zunahme der Übergf. an. Es entsteht dadurch das Bild der Linksverschiebung (Abb. 6a—d). Während der Ly/Gr-Quotient im Blut nach 1wöchiger Beatmung nur gering absinkt, ist diese fallende Tendenz im Knochenmark deutlich: von 0,56 auf 0,21. Die Ly nehmen auch in den auf die Beatmung folgenden Wochen weiterhin ab, während die Gr konstant erhöht bleiben. Bei allen Tieren zeigt sich das Bild der Linksverschie-

bung in verstärktem Maße, wobei vorwiegend die Übergangsformen
vermehrt sind. Kein einziges Vt wies in den auf die Bestrahlung folgenden Wochen die Normalwerte der Kt auf, wie sie vor der Beatmung
bestanden.

c) Milz: s. Tab. 19.

Tabelle 19. Vergleich der Milzbefunde bei den Kontroll- und Versuchstieren

Zahl d. Tiere	Stollen-aufenthalt	%				Quot. Ly/Gr
		Ly	Granulop.	Mesenchymz.	Erythrop.	
Kt (5)		29,0	12,5	54,0	4,5	2,32
Vt (5)	1 Woche	41,0	11,0	44,5	3,5	3,72
nach Stollenaufenthalt						
Vt (5)	16 Wochen	23,0	23,0	52,5	1,5	1,00
Vt (4)	58 Wochen	26,5	16,5	56,0	1,0	1,62

Befund: Die Differentialzählung der Milzausstriche ergibt keine
charakteristischen Resultate.

*8. Die Absolutwerte der eosinophilen Leukozyten beim Meerschweinchen
während einer 4monatigen Beatmung mit $1,0 . 10^{-9}$ C/l Luft Radiumemanation*

Die Bestimmung der Eosinophilenzahl pro Kubikmillimeter bzw. deren Änderung, ist heute der gebräuchlichste Test, um einen Einblick in die Wirksamkeit über Hypophysen- und Nebennierenrindenhormone zu erhalten. Wir
haben bei 14 Kt und je 10 Vt nach 1, 2, 3, 4 und 16 Wochen Stollenaufenthalt
die Eosinophilen beim Meerschweinchen gezählt (vgl. Tab. 20). Die Zählung
wurde nach Thorn durchgeführt mit einer Zählkammer nach Fuchs-Rosen-
thal.

Tabelle 20. Vergleich der Mittelwerte der Eosinophilen/mm³ bei den Kontroll- und Versuchstieren

Mittelwerte von 14 Kt	Mittelwerte von je 10 Vt nach einer Versuchsdauer von				
	1 Woche	2 Wochen	3 Wochen	4 Wochen	4 Monate
Eo/mm³ 570	75	260	325	69	132

Die individuellen Schwankungen der Eosinophilenzahl bei den einzelnen Kt sind groß. Bei den Vt ist die Eo-Zahl deutlich verringert. Es ist daher naheliegend, eine Beziehung zur Hypophysen- und Nebennierenrindentätigkeit bei diesen anzunehmen.

9. Die Gerinnungszeit des Blutes beim Meerschweinchen während einer 4monatigen Beatmung mit $1{,}0 \cdot 10^{-9}$ C/l Luft Radiumemanation

Bei den Tieren des vorhergehenden Versuches wurde gleichzeitig die Gerinnungszeit des Blutes untersucht.

Methodik: nach A. Hittmair [2]. Für die Bestimmung der Blutgerinnungszeit wurden 1 mm weite dünnwandige Kapillaren verwendet, die mit Blut nicht ganz gefüllt werden und sich in einem Wasserbad von 37° C befinden. Bei Gerinnungsbeginn hört die Mitbewegung der Blutsäule beim Neigen der Kapillaren auf. Als Ende der Gerinnung wird der Moment bezeichnet, wenn sich nach Abbrechen der Kapillare der Gerinnungsfaden zeigt.

Der in Tab. 21 angeführte erste Wert zeigt den Zeitpunkt des Beginnes, der zweite den des Endes der Gerinnung an.

Tabelle 21. Vergleich der Beeinflussung der Gerinnungszeit bei den Kontroll- und Versuchstieren

Kt Mittelwerte in Sekunden				Vt (je 10 Tiere) Mittelwerte in Sekunden				
1. Kontr.[1] (11 Kt)	2. Kontr. (7 Kt)	3. Kontr. (6 Kt)	Mittelw. Kt	nach 1. Wo	nach 2. Wo	nach 3. Wo	nach 4. Wo	nach 16. Wo
90—119	81—129	88—141	87—127	29—51	28—62	29—59	31—52	57—78

[1] Um die physiologische Schwankungsbreite der Gerinnungszeit des Blutes beim Meerschweinchen erfassen zu können, wurde bei allen Kt zu drei verschiedenen Zeitpunkten die Gerinnungszeit des Blutes bestimmt.

Befund: Es kommt durch länger dauernde Einwirkung kleinster Dosen Radiumemanation zu einer deutlichen Verkürzung der Gerinnungszeit des Blutes beim Meerschweinchen (s. Tab. 21). Dasselbe Ergebnis haben auch Untersuchungen beim Menschen gezeigt, über die wir andernorts berichten.

2. Versuche in einem Stollen bei Weißenstadt (Fichtelgebirge)

Die bisherigen Untersuchungen wurden mit einer sehr schwachen Radonkonzentration durchgeführt, es lag daher der Gedanke nahe, sie mit einer höheren Emanationskonzentration zu wiederholen bzw. zu erweitern. Durch einen glücklichen Zufall konnten wir die folgenden Untersuchungen ebenfalls in einem radioaktiven Stollen des Zinnerz-Versuchsbetriebes Weißenstadt/Fichtelgebirge durchführen. Die Emanationskonzentration betrug $14,5 . 10^{-9}$ C/l Luft, also rund das Zehnfache der bisher gebrauchten Dosierung, die Temperatur $7,8°$ C, die relative Feuchtigkeit 82—86%. Die physikalischen Messungen wurden ebenfalls vom Physiker des Forschungsinstitutes Gastein, E. Pohl, durchgeführt. Die Kt hatten dieselben Feuchtigkeits-, Temperatur- und Futterverhältnisse wie die Vt, jedoch ohne Einwirkung von Radiumemanation. Vt und Kt wurden zum selben Zeitpunkt getötet. Es wurden parallellaufende Serien mit erwachsenen und jugendlichen Tieren angelegt, um eine eventuell verschiedene Reaktionsfähigkeit des erwachsenen und jugendlichen Organismus zu erfassen. Folgende Versuchsserien fanden statt:

Einwirkung einer Emanationskonzentration von $14,5 . 10^{-9}$ C/Liter Luft auf das haemopoetische System folgender Tiere:

10) Weiße Maus (Vers. 10, Tab. 22—26, Abb. 7a—d und 8a—d): 1 bis 7 Wochen.

11) Meerschweinchen (Vers. 11, Tab. 27—31, Abb. 9a—d und 10a—d): 1 bis 7 Wochen.

12) Kaninchen (Vers. 12, Tab. 32—35, Abb. 11a—d): 1 bis 7 Wochen.

13) Weiße Maus (Vers. 13, Tab. 36—39, Abb. 12a—d): 1 bis 5 Tage.

14) Weiße Maus (Vers. 14, Tab. 40—42, Abb. 13a—c und 14a—d): 4 Wochen mit anschließender Weiterbeobachtung der Vt durch 6 bzw. 10 Wochen.

15) Weiße Maus (Vers. 15, Tab. 43—46, Abb. 15a—e): 6 Wochen mit anschließender Weiterbeobachtung der Vt durch 23 Wochen.

16) Weiße Maus (Vers. 16, Tab. 47—50, Abb. 16a—f): 12 Wochen mit anschließender Weiterbeobachtung der Vt durch 31 Wochen.

Ergebnisse

10. Die Einwirkung von 14,5 . 10^{-9} C/l Luft Radiumemanation während einer 1—7wöchigen Beatmung auf das haemopoetische System der weißen Maus

Es wurden männliche erwachsene Tiere von 25—30 g (A-Tiere) und jugendliche (J-Tiere) von 15—20 g Gewicht zum Versuch verwendet.

a) Blut: Die mittleren haematologischen Werte von 10 A und 9 J Kt sind in Tab. 22a und b angeführt.

Tabelle 22a. Vergleich der Blutwerte bei den Kontrolltieren

| | Absolutwerte | | | % | %00 | % | | Quotient |
	Ery	Leuko	F. I.	Hb	Reti	Ly	Gr	Ly/Gr
KA-Tiere [1]	5,88	4400	0,83	98	64	73,5	24,5	3,00
KJ-Tiere [1]	5,23	5100	0,88	98	90	74,0	24,5	3,02

[1] KA = Kontrolltier alt, KJ = Kontrolltier jung.

Tabelle 22b. Vergleich der Werte des Differentialblutbildes bei den Kontrolltieren

| | % | | | | | | | |
	gr. Ly	kl. Ly	Stabk.	Seg.	Übergf.	Baso	Eo	Mono
KA-Tiere	2,0	71,5	—	19,5	4,5	—	0,5	2,0
KJ-Tiere	3,0	71,0	—	19,5	5,0	—	—	1,5

Befund: Die Schwankungsbreite der Ery beträgt bei den A-Tieren 5,45 bis 6,56 Millionen, bei den J-Tieren 5,13 bis 6,88 Millionen. Die Leuko liegen zwischen 3500 und 7100 bei den A- bzw. 3000 und 7900 bei den J-Tieren. Das Differentialblutbild der A- und J-Tiere ist geradezu identisch, so daß die Unterscheidung in erwachsene und jugendliche Tiere überflüssig erscheint. Da sich aber im weiteren Verlauf der Versuche zum Teil erhebliche Unterschiede bei beiden Altersgruppen ergaben, wurde die Unterteilung beibehalten. Gegenüber den Kontrollmäusen der früheren Untersuchungen (1. Teil) scheinen bei der Kammerzählung Differenzen auf, die mit den individuellen Unterschieden der jeweiligen Zucht und des Stammes erklärt werden können. Innerhalb der Versuchsgruppen bestand Einheitlichkeit. Im Übersichtsbild zeigt sich im roten Blutbild durchweg mäßige bis reichliche Polychromasie und mäßig bis reichlich Thrombozyten.

Je 4 erwachsene Tiere (VA) und jugendliche Versuchstiere (VJ) wurden nach 1, 2, 3, 4 und 7 Wochen Beatmungsdauer getötet und die haematologischen Befunde morphologisch erhoben und statistisch ausgewertet (s. Tab. 23a—e).

Tabelle 23a. Vergleich der Blutwerte bei den erwachsenen Kontroll- und Versuchstieren

Zahl d. Tiere	Stollenaufenthalt	Ery	Leuko	F. I.	$\%$ Hb	$\%_0$ Reti	$\%$ Ly	$\%$ Gr	Quotient Ly/Gr
KA (10)		5,88	4400	0,83	98	64	73,5	24,5	3,00
VA (4)	1 Woche	6,16	6700	0,77	93	80	67,5	30,0	2,25
VA (4)	2 Wochen	5,37	6400	0,85	91	58	63,0	35,5	1,77
VA (4)	3 Wochen	5,66	5600	0,83	93	53	58,5	40,0	1,46
VA (4)	4 Wochen	6,13	2500	0,93	111	105	49,0	49,5	0,99
VA (4)	7 Wochen	5,88	4950	0,92	108	77	58,0	39,5	1,47

Tabelle 23b. Vergleich der Blutwerte bei den jugendlichen Kontroll- und Versuchstieren

Zahl d. Tiere	Stollenaufenthalt	Ery	Leuko	F. I.	$\%$ Hb	$\%_0$ Reti	$\%$ Ly	$\%$ Gr	Quotient Ly/Gr
KJ (9)		5,23	5100	0,88	98	90	74,0	24,5	3,02
VJ (4)	1 Woche	5,80	2700	0,79	91	97	39,0	58,0	0,67
VJ (4)	2 Wochen	6,10	3700	0,87	105	38	51,5	46,5	1,17
VJ (4)	3 Wochen	6,03	4300	0,83	100	57	50,0	48,5	1,03
VJ (4)	4 Wochen	5,92	3300	0,90	106	90	41,0	57,0	0,72
VJ (4)	7 Wochen	5,83	4400	0,90	104	72	52,0	45,5	1,15

Tabelle 23c. Vergleich der Werte des Differentialblutbildes bei den erwachsenen Kontroll- und Versuchstieren

Zahl d. Tiere	Stollenaufenthalt	gr. Ly	kl. Ly	Stabk.	Seg.	Übergf.	Baso	Eo	Mono
KA (10)		2,0	71,5	—	19,5	4,5	—	0,5	2,0
VA (4)	1 Woche	2,5	65,0	—	26,5	3,3	—	—	2,5
VA (4)	2 Wochen	3,0	60,0	—	30,0	5,0	—	0,5	1,5
VA (4)	3 Wochen	1,5	57,0	—	32,5	7,5	—	—	1,5
VA (4)	4 Wochen	1,0	48,0	—	44,0	5,5	—	—	1,5
VA (4)	7 Wochen	1,5	56,5	—	37,5	2,0	—	—	2,5

Tabelle 23 d. Vergleich der Werte des Differentialblutbildes bei den jugendlichen Kontroll- und Versuchstieren

Zahl d. Tiere	Stollenaufenthalt	%							
		gr. Ly	kl. Ly	Stabk.	Seg.	Übergf.	Baso	Eo	Mono
KJ (9)		3,0	71,0	—	19,5	5,0	—	—	1,5
VJ (4)	1 Woche	1,5	37,5	—	52,5	5,5	—	—	3,0
VJ (4)	2 Wochen	2,0	49,5	—	42,0	4,0	—	0,5	2,0
VJ (4)	3 Wochen	2,0	48,0	—	41,0	7,0	—	0,5	1,5
VJ (4)	4 Wochen	0,5	40,5	1,0	49,0	7,0	—	—	2,0
VJ (4)	7 Wochen	1,0	51,0	0,5	42,0	3,0	—	—	2,5

Tabelle 23 e. Vergleich der Absolutwerte der Lympho- und Granulozyten bei den erwachsenen und jugendlichen Kontroll- und Versuchstieren

		A		J		A	J
	Stollenaufenthalt	Absolutwerte				Quotient	
		Ly	Gr	Ly	Gr	Ly/Gr	Ly/Gr
Kt		3234	1078	3774	1350	3,00	3,02
Vt	1 Woche	4423	2010	1053	1566	2,20	0,64
Vt	2 Wochen	4032	2272	1905	1720	1,77	1,16
Vt	3 Wochen	3276	2240	2150	2085	1,46	1,03
Vt	4 Wochen	1715	1733	1553	1881	0,98	0,72
Vt	7 Wochen	2871	1955	2288	2000	1,46	1,14

Befund: Im Blutausstrich der Vt zeigt sich in der Übersicht kein Unterschied im roten Blutbild gegenüber den Kt; es besteht ebenfalls eine mäßige bis reichliche Polychromasie. Die Zahl der Thrombozyten bleibt gleich, die der Ery unterliegt geringen Schwankungen, die aber die physiologische Schwankungs- und Fehlerbreite nicht überschreiten. Die Hb-Werte und der Färbeindex steigen bei A- und J-Tieren im Laufe der Wochen an. Die Leuko verhalten sich uncharakteristisch. Bei den J-Tieren fällt die starke Leuko-Abnahme der 1. Woche des Stollenaufenthaltes auf, die auch nach der 7. Woche noch nicht ausgeglichen ist. Die Reti zeigen ähnliche geringe Schwankungen wie das rote Blutbild. Eine Gesetzmäßigkeit ist nicht zu erkennen. Im Differentialblutbild der Vt kommt es zu typischen Veränderungen, die prinzipiell für A- und J-Tiere gleich sind. Die Ly fallen stark ab, die Gr nehmen zu. Während bei den A-Tieren der Ly/Gr-Quotient allmählich und gleichmäßig abnimmt, sehen wir bei den J-Tieren einen ausgesprochenen Lymphozytensturz mit einem absoluten Tiefpunkt bereits nach 1 Woche Stollenaufenthalt. Nach einem vorübergehenden Anstieg in der 2. Woche sinken sie neuerdings ab. Sowohl bei den A- als auch bei den J-Tieren werden in der 4. Woche die tiefsten Werte erreicht. In der 7. Woche sehen wir bei beiden Tierserien wieder einen leichten Anstieg, die Ausgangswerte werden aber bei weitem nicht erreicht. Die Absolutwerte der Ly sinken bei den J-Tieren während des Stollenaufenthaltes bis auf ein Drittel des ursprünglichen Wertes ab, bei den A-Tieren verhalten sie sich jedoch uncharakteristisch. Jugendliche Tiere zeigen eine raschere und stärkere Reaktionsfähigkeit.

b) Knochenmark: Die Mittelwerte der Differentialzählung des Knochenmarkes von 10 erwachsenen und 9 jugendlichen Kt sind aus Tab. 24a ersichtlich.

Tabelle 24a. Vergleich der Knochenmarksbefunde bei den Kontrolltieren

	%				Quotient Ly/Gr
	Ly	Granulop.	Mesenchymz.	Erythrop.	
KA (10)	37,0	42,0	15,0	6,0	0,88
KJ (9)	40,0	38,5	16,0	5,5	1,03

Befund: Im Übersichtsbild findet man reichlich Blutmark, die Erythropoese ist gering entwickelt. Weiters ist wenig Fettmark und wenig Bindegewebe vorhanden; wenig bis mäßig Megakaryozyten. Die A-Tiere besitzen mehr Segmentkernige, während bei den J-Tieren die Übergangsformen überwiegen. Die übrigen Werte sind bei A- und J-Tieren gleich. Keine auffallenden Mitosen.

Befund: Zu Tab. 24b—d. Im Knochenmark zeigt sich der bereits im peripheren Blutbild beschriebene Lymphozytenabfall noch wesentlich prägnanter und erreicht bei A- und J-Tieren in der 4. bzw. in der 3. Woche seinen Tiefpunkt. Auffallend ist das sprunghafte Absinken bereits nach einer Woche Aufenthaltsdauer im Stollen. Die Gr zeigen von Woche zu Woche einen stetigen Anstieg. Die Zahl

der Mesenchymzellen bleibt unverändert, ebenso die Erythropoese (vgl.
Abb. 7a—d und 8a—d).

Tabelle 24 b. Vergleich der Knochenmarksbefunde bei den
erwachsenen Kontroll- und Versuchstieren

Zahl d. Tiere	Stollen-aufenthalt	%				Quot. Ly/Gr
		Ly	Gr	Mesenchymz.	Erythrop.	
KA (10)		37,0	42,0	15,0	6,0	0,88
VA (4)	1 Woche	25,5	57,0	13,5	4,0	0,45
VA (4)	2 Wochen	23,5	57,0	15,5	4,0	0,41
VA (4)	3 Wochen	16,0	62,0	18,0	4,0	0,26
VA (4)	4 Wochen	13,5	63,5	18,0	5,0	0,21
VA (5)	7 Wochen	19,0	64,5	12,5	4,0	0,29

Tabelle 24 c. Vergleich der Knochenmarksbefunde bei den
jugendlichen Kontroll- und Versuchstieren

Zahl d. Tiere	Stollen-aufenthalt	%				Quot. Ly/Gr
		Ly	Granulop.	Mesenchymz.	Erythrop.	
KJ (9)		40,0	38,5	16,0	5,5	1,03
VJ (4)	1 Woche	23,0	56,5	17,0	3,5	0,41
VJ (4)	2 Wochen	13,0	65,0	18,5	3,5	0,20
VJ (4)	3 Wochen	11,5	66,5	18,5	3,5	0,16
VJ (4)	4 Wochen	15,5	64,5	18,0	2,0	0,25
VJ (5)	7 Wochen	18,5	62,5	15,0	4,0	0,29

Bei Durchsicht der Knochenmarksausstriche ergeben sich in bezug
auf das Verhältnis von Blutmark:Fettmark:Bindegewebe keine wesent-
lichen Veränderungen gegenüber den Kt; ebenso wurden keine pathologischen Zellformen festgestellt.

c) Milz: (s. Tab. 25a—d.

Von denselben 19 Kt (10 A- und 9 J-Tiere) wurden Milzausstriche
ausgezählt. Wir sind uns darüber klar, daß die Methode nicht
exakt ist und keine weitgehenden Schlüsse aus dem Ergebnis gezogen
werden dürfen. Die Werte sind nur als Ergänzung der Blut- und Knochenmarksbefunde gedacht. Trotz möglicher Fehlerquellen, die haupt-

Tabelle 24 d. Vergleich der Knochenmarksbefunde (Differentialzählung) bei den erwachsenen und jugendlichen Kontroll- und
Versuchstieren

| | | Stollenaufenthalt in Wochen | | | | | | | | | | |
| | KA | VA | | | | | KJ | VJ | | | | |
		1	2	3	4	7		1	2	3	4	7
Myelobl.	0,5	—	0,5	—	—	1,0	0,5	—	0,5	0,5	—	0,5
Promyz.	0,5	—	1,0	1,0	0,5	1,0	0,5	—	0,5	1,0	—	1,0
Myeloz.	—	—	0,5	—	—	1,0	—	0,5	0,5	1,0	—	1,5
Eo-Myeloz.	—	—	—	—	1,0	—	—	—	—	—	—	—
Jungk.	—	1,5	1,5	1,5	1,5	2,5	0,5	1,0	2,5	1,5	1,5	2,0
Stabk.	3,0	5,0	11,0	9,0	21,5	15,5	3,0	5,0	19,5	8,5	15,5	19,0
Seg.	22,5	24,5	19,0	27,0	15,0	25,0	16,0	28,5	27,5	23,0	20,0	19,0
Übergf.	13,5	24,5	20,0	21,0	19,5	16,0	16,0	20,0	11,5	29,0	24,5	17,0
Eo	1,0	1,5	3,0	2,0	3,0	0,5	1,0	0,5	2,5	1,0	2,0	0,5
Baso	—	—	—	—	—	—	—	—	—	—	—	—
Mastz.	—	—	—	—	—	—	—	—	—	—	—	—
Mono	1,0	—	0,5	0,5	1,5	2,0	1,0	1,0	0,5	1,0	1,0	2,0
Reti	14,0	12,5	14,5	17,5	17,0	11,5	15,0	16,5	18,0	18,0	17,0	13,5
Megakaryoz.	1,0	1,0	1,0	0,5	1,0	1,0	1,0	0,5	0,5	0,5	1,0	1,5
gr. Ly	3,0	3,5	4,0	1,0	1,5	2,0	3,0	2,0	2,0	2,0	2,0	1,5
kl. Ly	34,0	22,0	19,5	15,0	12,0	17,0	37,0	21,0	11,0	9,5	13,5	17,0
Ery 1	—	—	—	—	0,5	—	—	—	—	—	—	—
Ery 2	—	0,5	—	—	—	—	—	0,5	0,5	—	—	0,5
Ery 3	4,0	2,5	3,0	3,5	2,0	1,5	3,5	1,0	2,5	3,0	1,0	1,0
Ery 4	2,0	1,0	1,0	0,5	2,5	2,5	2,0	2,0	0,5	0,5	—	2,5

sächlich durch den verschieden hohen Anteil an Pulpazellen entstehen,
können die Befunde zur Verstärkung oder Abschwächung einer Tendenz,
die im Blutbild bzw. Knochenmark gefunden wird, herangezogen
werden.

Tabelle 25 a. Vergleich der Milzbefunde bei den Kontrolltieren

| | % | | | | Quotient |
	Ly	Granulop.	Pulpaz.	Erythrop.	Ly/Gr
KA (10)	39,5	14,0	43,0	3,5	2,82
KJ (9)	39,0	15,0	42,5	3,5	2,60

Befund: A- und J-Tiere zeigen dieselben Befunde im differenzierten Ausstrich. Pulpazellen und Ly sind vorherrschend. Vereinzelt findet man Lymphoblasten, Myeloblasten, Plasmazellen und Megakaryozyten. Der Strich ist durchweg mäßig zellreich, Bindegewebe ist mäßig bis wenig vorhanden. Vereinzelt sieht man Thrombozytenhaufen.

Tabelle 25 b. Vergleich der Milzbefunde bei den erwachsenen Kontroll- und Versuchstieren

Zahl d. Tiere	Stollenaufenthalt	%				Quot. Ly/Gr
		Ly	Granulop.	Pulpaz.	Erythrop.	
KA (10)		39,5	14,0	43,0	3,5	2,82
VA (4)	1 Woche	37,5	18,5	42,0	2,0	2,03
VA (4)	2 Wochen	32,0	20,0	45,0	3,0	1,60
VA (4)	3 Wochen	34,5	16,0	45,5	4,0	2,15
VA (4)	4 Wochen	25,0	19,5	53,0	2,5	1,28
VA (5)	7 Wochen	32,5	21,0	38,5	8,0	1,55

Tabelle 25 c. Vergleich der Milzbefunde bei den jugendlichen Kontroll- und Versuchstieren

Zahl d. Tiere	Stollenaufenthalt	%				Quot. Ly/Gr
		Ly	Granulop.	Pulpaz.	Erythrop.	
KJ (9)		39,0	15,0	42,5	3,5	2,60
VJ (4)	1 Woche	36,0	26,0	32,0	6,0	1,38
VJ (4)	2 Wochen	33,5	22,0	40,0	4,5	1,52
VJ (4)	3 Wochen	29,5	26,0	40,5	4,0	1,13
VJ (4)	4 Wochen	24,5	21,5	52,5	1,5	1,14
VJ (5)	7 Wochen	33,5	19,5	44,5	2,5	1,71

Befund: Ebenso wie im peripheren Blut sieht man auch im Milzausstrich die Verschiebung des Ly/Gr-Quotienten mit einem Minimum in der 4. Woche. Die Lymphozytenab- und Granulozytenzunahme ist nicht so ausgeprägt wie im Blut und Knochenmark, aber deutlich erkennbar. Die Prozentzahlen der Pulpazellen sind uncharakteristisch, ebenfalls die der Erythropoese. In der Übersicht überwiegen Pulpazellen und Ly; durch die leichte Zunahme der Gr wird das Bild gegenüber den Kt etwas bunter. Vereinzelt werden ebenfalls Plasmazellen, Lympho-

Tabelle 25d. Vergleich der Milzbefunde (Differentialzählung) bei den erwachsenen und jugendlichen Kontroll- und Versuchstieren

	KA	VA					KJ	VJ				
		1	2	3	4	7		1	2	3	4	7
gr. Ly	3,0	4,0	3,0	2,5	1,5	1,0	2,0	3,5	3,5	1,5	1,5	1,5
kl. Ly	36,5	33,5	29,0	32,0	23,5	31,0	37,0	32,5	30,0	28,0	23,0	32,0
Jungk.	—	—	—	—	—	—	—	—	—	—	—	0,5
Stabk.	0,5	—	—	1,0	—	0,5	0,5	0,5	—	0,5	0,5	0,5
Seg.	10,0	11,5	14,0	11,0	16,0	18,5	9,0	16,0	16,0	20,0	15,0	13,5
Übergf.	2,0	5,0	4,5	2,0	2,5	2,5	4,0	7,5	4,0	4,5	3,5	2,5
Eo	0,5	1,0	1,0	1,0	0,5	0,5	0,5	1,0	1,5	—	1,0	0,5
Baso	—	—	—	—	—	—	—	—.	—	—	—	—
Mastz.	—	—	—	—	—	—	—	—	—	—	—	—
Mono	1,0	1,0	0,5	1,0	0,5	1,0	1,0	1,0	0,5	1,0	1,5	1,5
Pulpaz.	43,0	42,0	45,0	45,5	53,0	37,0	42,5	32,0	40,0	40,5	53,5	44,0
Plasmaz.	—	—	—	—	—	—	—	—	—	—	—	—
Ery 1	—	—	—	—	—	0,5	0,5	0,5	—	—	—	—
Ery 2	0,5	—	—	—	—	0,5	—	—	0,5	—	—	—
Ery 3	2,0	0,5	2,0	3,0	2,0	1,5	2,0	0,5	3,0	3,5	1,5	0,5
Ery 4	1,0	1,5	1,0	1,0	0,5	5,5	1,0	4,0	1,0	0,5	—	2,0

Stollenaufenthalt in Wochen (Spaltenüberschrift über VA/KJ/VJ)

blasten und Megakaryozyten gefunden. Myeloblasten erscheinen gegenüber den Kt leicht vermehrt. Pathologische Zellformen kommen nicht zur Beobachtung.

Tabelle 26. Der Lympho-Granulozyten-Quotient von Blut, Knochenmark und Milz bei den erwachsenen und jugendlichen Kontroll- und Versuchstieren

	Stollenaufenthalt	A			J		
		Blut	Knochenmark	Milz	Blut	Knochenmark	Milz
Kt		3,00	0,88	2,82	3,02	1,03	2,60
Vt	1 Woche	2,25	0,45	2,03	0,67	0,41	1,38
Vt	2 Wochen	1,77	0,41	1,60	1,17	0,20	1,52
Vt	3 Wochen	1,46	0,26	2,15	1,03	0,16	1,13
Vt	4 Wochen	0,99	0,21	1,28	0,72	0,25	1,14
Vt	7 Wochen	1,47	0,29	1,55	1,15	0,29	1,71

11. Die Einwirkung von 14,5 . 10^{-9} C/l Luft Radiumemanation während einer 1—7wöchigen Beatmung auf das haemopoetische System des Meerschweinchens

Versuchsbedingungen: Die Untersuchungen wurden mit erwachsenen (A) und jugendlichen (J) Meerschweinchen gleichzeitig mit den Mäuseversuchen durchgeführt. Es herrschten daher dieselben Bedingungen. Die Tiere wurden bei Überschußernährung gehalten. Die A-Tiere hatten ein mittleres Gewicht von 500 g; bei diesen Tieren wurden keine Gewichtsveränderungen während der Versuchsdauer festgestellt. Die J-Tiere kamen mit einem mittleren Gewicht von 190 g in den Versuch und erreichten nach 7 Wochen durch Wachstumszuwachs 300 g, gleich den dazugehörigen Kt. Eine spezifische Beeinflussung des Wachstums durch Radon bzw. eine Förderung oder Hemmung konnte durch bloße Gewichtskontrollen nicht beobachtet werden.

a) Blut: Die Blutwerte wurden von 43 Kt (21 A- und 22 J-Tiere) bestimmt. Die gefundenen Werte sind in Tab. 27a und b zusammengestellt.

Tabelle 27 a. Vergleich der Blutwerte bei den Kontrolltieren

| | Absolutwerte | | | $^0/_0$ | $^0/_{00}$ | $^0/_0$ | | Quotient |
	Ery	Leuko	F. I.	Hb	Reti	Ly	Gr	Ly/Gr
KA-Tiere	4,84	7300	1,08	104	24	69,5	28,5	2,35
KJ-Tiere	4,96	5300	1,00	100	26	68,0	30,0	2,27

Tabelle 27 b. Vergleich der Werte des Differentialblutbildes bei den Kontrolltieren

| | $^0/_0$ | | | | | | | | |
	gr. Ly	kl. Ly	Stabk.	Seg.	Übergf.	Eo	Baso	Mastz.	Mono
KA-Tiere	3,0	66,5	—	26,5	1,0	1,0	—	0,5	1,5
KJ-Tiere	2,5	65,5	—	28,0	1,5	0,5	—	0,5	1,5

Befund (A-Tiere): Die Schwankungsbreite der Ery/mm³ lag bei den einzelnen Tieren zwischen 4,14 und 5,41 Mill., das Hb zwischen 98 und 118%, die Zahl der Leuko zwischen 5000 und 10.000, die der Reti zwischen 6 und 57%.

Befund (J-Tiere): Die individuellen Erythrozytenzahlen/mm³ schwanken zwischen 4,14 und 5,40 Mill., das Hb zwischen 94 und 110%, die Zahl der Leuko zwischen 3000 und 7900, die der Reti zwischen 5 und 57 $^0/_{00}$.

Im Übersichtsbild des Strichpräparates beider Gruppen findet man wenig bis mäßig Polychromasie und mäßig Thrombozyten. Die großen Ly zeigen vielfach Phagozytose, die bisher bei keiner Tierart in entsprechendem Ausmaß beobachtet wurde. Basophile Zellen wurden nur vereinzelt angetroffen, ebenso Stab- und *Jung*kernige.

Je 4 A- und J-Tiere wurden durch 1, 2, 3, 4 und 7 Wochen der Radiumemanation ausgesetzt. Die Tiere wurden sofort nach abgelaufener Versuchsdauer getötet; die jeweiligen Blutbefunde nach dem entsprechenden Zeitabschnitt sind in Tab. 28a—e wiedergegeben.

Tabelle 28 a. Vergleich der Blutwerte bei den erwachsenen Kontroll- und Versuchstieren

Zahl d. Tiere	Stollen-aufenthalt	Absolutwerte			% Hb	$^0/_{00}$ Reti	%		Quotient Ly/Gr
		Ery	Leuko	F. I.			Ly	Gr	
KA (21)		4,84	7300	1,07	104	24	69,5	28,5	2,35
VA (4)	1 Woche	4,90	7000	1,05	104	26	63,0	34,5	1,83
VA (4)	2 Wochen	4,70	7400	1,00	97	68	42,5	56,0	0,76
VA (4)	3 Wochen	4,33	6200	1,09	94	10	50,5	47,0	1,07
VA (4)	4 Wochen	4,73	7300	1,00	93	38	31,0	67,5	0,46
VA (4)	7 Wochen	4,61	6750	1,10	104	19	51,0	45,0	1,13

Tabelle 28 b. Vergleich der Blutwerte bei den jugendlichen Kontroll- und Versuchstieren

Zahl d. Tiere	Stollen-aufenthalt	Absolutwerte			% Hb	$^0/_{00}$ Reti	%		Quotient Ly/Gr
		Ery	Leuko	F. I.			Ly	Gr	
KJ (22)		4,96	5300	1,02	100	26	68,0	30,0	2,27
VJ (4)	1 Woche	5,08	4500	1,05	107	80	55,5	41,5	1,33
VJ (4)	2 Wochen	5,00	6500	1,00	99	28	56,5	41,0	1,38
VJ (4)	3 Wochen	5,00	5800	1,00	99	15	59,0	38,5	1,53
VJ (4)	4 Wochen	4,20	6300	1,18	99	33	47,5	50,5	0,94
VJ (5)	7 Wochen	4,93	7000	1,00	102	15	52,5	44,0	1,20

Tabelle 28 c. Vergleich der Absolutwerte der Lympho- und Granulozyten bei den erwachsenen und jugendlichen Kontroll- und Versuchstieren

	Stollen-aufenthalt	A		J	
		Ly	Gr	Ly	Gr
Kt		5074	2081	3604	1590
Vt	1 Woche	4410	2415	2495	1867
Vt	2 Wochen	3145	4144	3673	2665
Vt	3 Wochen	3131	2914	3422	3233
Vt	4 Wochen	2263	4928	2993	3181
Vt	7 Wochen	3442	3038	3675	3080

Tabelle 28 d. Vergleich der Werte des Differentialblutbildes bei den erwachsenen Kontroll- und Versuchstieren

Zahl d. Tiere	Stollen-aufenthalt	%								
		gr. Ly	kl. Ly	Stabk.	Seg.	Übergf.	Mast.	Baso	Eo	Mono
KA (21)		3,0	66,5	—	26,5	1,0	0,5	—	1,0	1,5
VA (4)	1 Woche	2,0	61,0	—	32,5	1,0	0,5	—	1,0	2,0
VA (4)	2 Wochen	1,5	41,0	1,0	50,5	2,0	—	—	2,5	1,5
VA (4)	3 Wochen	2,5	48,0	0,5	42,5	2,0	0,5	—	2,0	2,0
VA (4)	4 Wochen	1,0	30,0	2,0	61,0	1,0	0,5	—	3,5	1,0
VA (4)	7 Wochen	1,0	50,0	0,5	39,0	0,5	0,5	—	5,0	3,5

Tabelle 28 e. Vergleich der Werte des Differentialblutbildes bei den jugendlichen Kontroll- und Versuchstieren

Zahl d. Tiere	Stollen-aufenthalt	%								
		gr. Ly	kl. Ly	Stabk.	Seg.	Übergf.	Mast.	Baso	Eo	Mono
KJ (22)		2,5	65,5	—	28,0	1,5	0,5	—	0,5	1,5
VJ (4)	1 Woche	2,5	53,0	—	39,0	2,0	—	—	0,5	3,0
VJ (4)	2 Wochen	2,5	54,0	—	38,0	2,5	0,5	—	0,5	2,0
VJ (4)	3 Wochen	2,5	56,5	—	34,5	3,0	0,5	—	1,0	2,0
VJ (4)	4 Wochen	1,0	46,5	—	49,0	1,0	0,5	—	0,5	1,5
VJ (5)	7 Wochen	4,0	48,5	0,5	42,5	1,0	0,5	—	—	3,0

Befund: Im Übersichtsbild des Blutausstriches findet man bei den Ery geringe bis mäßige Polychromasie sowohl bei A- als auch bei J-Tieren und mäßig Thrombozyten. Die Phagozytose der Ly wird auch bei den Vt beobachtet. Unterschiede gegenüber den Kt sind nicht festzustellen.

Die Kammerzählung der Ery und Leuko der Vt ergibt während der
wochenlangen Beatmung mit Radon keine auffallenden Veränderungen
gegenüber den Kt, ebenso sind die Hb-Werte und die Zahlen der Reti
unauffällig. Im Differentialblutbild findet man wiederum die erwartete
Lymphozytenab- und Granulozytenzunahme. Der Ly/Gr-Quotient erreicht seinen kleinsten Wert in beiden Gruppen nach der 4. Woche; nach
der 7. Woche erfolgt abermals ein kleiner Anstieg. Auch in diesem Versuch reagieren die jugendlichen Tiere rascher als die erwachsenen. In
den Absolutwerten kommt der Ly-Abfall bzw. die Gr-Zunahme gleichfalls zum Ausdruck. Pathologische Zellformen bzw. Abartungs- und Entartungserscheinungen kommen nicht zur Beobachtung.

b) Knochenmark: Die prozentuellen Zellwerte von 10 alten und
9 jungen Kontrolltieren sind aus Tab. 29a ersichtlich.

Tabelle 29 a. Vergleich der Knochenmarksbefunde bei den Kontrolltieren

	\%				Quotient Ly/Gr
	Ly	Granulop.	Mesenchymz.	Erythrop.	
KA-Tiere	31,0	45,0	13,5	10,5	0,69
KJ-Tiere	31,5	44,0	14,0	10,5	0,71

Bei Durchsicht der Präparate bemerkt man durchweg zellreiches
Blutmark, wenig bis mäßig Fettmark und wenig bis mäßig Bindegewebe.
Die Erythropoese ist mäßig bis lebhaft; man findet mäßig Megakaryozyten, vereinzelt sind Plasmazellen vorhanden. Auch im Knochenmark
wird die Phagozytose der Ly beobachtet.

Tabelle 29 b. Vergleich der Knochenmarksbefunde bei den erwachsenen Kontroll- und Versuchstieren

Zahl d. Tiere	Stollen-aufenthalt	\%				Quot. Ly/Gr
		Ly	Granulop.	Mesenchymz.	Erythrop.	
KA (10)		31,0	45,0	13,5	10,5	0,69
VA (4)	1 Woche	22,5	54,5	17,0	6,5	0,41
VA (4)	2 Wochen	17,5	56,0	20,0	6,5	0,31
	3 Wochen			Werte fehlen		
VA (4)	4 Wochen	12,0	56,0	24,5	7,5	0,21
VA (8)	7 Wochen	20,0	54,0	20,0	6,0	0,37

Tabelle 29 c. Vergleich der Knochenmarksbefunde bei den jugendlichen Kontroll- und Versuchstieren

Zahl d. Tiere	Stollen-aufenthalt	%				Quot. Ly/Gr
		Ly	Granulop.	Mesenchymz.	Erythrop.	
KJ (9)		31,5	44,0	14,0	10,5	0,71
VJ (4)	1 Woche	26,0	45,5	14,5	14,0	0,57
VJ (4)	2 Wochen	11,0	41,5	24,0	23,5	0,26
VJ (4)	3 Wochen	14,5	57,5	20,0	8,0	0,25
VJ (4)	4 Wochen	11,0	55,0	18,0	16,0	0,20
VJ (5)	7 Wochen	18,0	56,0	19,5	6,5	0,32

Tabelle 29 d. Vergleich der Knochenmarksbefunde (Differential-zählung) bei den erwachsenen und jugendlichen Kontroll- und Versuchstieren

| | KA | Stollenaufenthalt in Wochen | | | | | KJ | | | | | |
| | | VA | | | | | | VJ | | | | |
		1	2	3	4	7		1	2	3	4	7
Myelobl.	1,0	1,0	0,5	fehlt	0,5	1,0	2,0	1,0	1,5	1,0	3,0	1,0
Promyz.	1,0	—	1,0	,,	1,0	1,0	1,0	1,0	1,0	0,5	2,0	1,0
Myeloz.	1,5	1,5	1,5	,,	1,0	3,0	1,5	1,5	1,0	1,5	2,0	1,5
Eo-Myeloz.	0,5	0,5	—	,,	0,5	—	—	—	0,5	0,5	1,0	—
Jungk.	2,0	3,0	2,5	,,	2,5	2,0	1,5	1,5	2,5	2,0	3,5	2,5
Stabk.	8,0	19,5	18,5	,,	20,5	14,0	6,5	10,0	13,0	18,5	20,0	16,5
Seg.	21,0	13,0	18,0	,,	17,0	23,5	19,5	18,5	11,0	21,5	10,5	21,0
Übergf.	2,0	4,0	4,5	,,	1,5	—	4,0	3,0	3,0	2,5	2,5	—
Eo	6,0	10,0	8,0	,,	8,0	4,5	5,0	7,5	6,0	8,0	9,0	6,0
Baso	—	0,5	—	,,	—	—	—	—	—	—	—	—
Mastz.	1,0	1,0	1,0	,,	1,5	2,0	1,0	1,0	1,5	1,5	1,5	1,0
Mono	2,0	1,5	1,5	,,	2,5	4,0	1,5	1,5	1,5	2,0	1,0	5,0
Reti	11,0	14,5	18,0	,,	20,0	16,5	13,0	12,5	21,0	16,5	15,5	17,0
Megakaryoz.	1,5	1,0	1,0	,,	2,5	1,5	1,0	1,0	1,0	1,5	2,0	1,5
gr. Ly	3,0	2,5	4,0	,,	3,0	2,5	3,0	3,5	3,5	1,5	3,0	2,5
kl. Ly	28,0	20,0	13,5	,,	9,0	17,5	28,5	22,5	7,5	13,0	8,0	15,5
Ery 1	—	0,5	0,5	,,	0,5	—	0,5	0,5	2,0	0,5	2,0	—
Ery 2	0,5	1,0	1,0	,,	1,0	—	1,0	1,0	6,0	—	2,5	0,5
Ery 3	6,5	4,0	3,5	,,	5,5	1,5	6,0	10,5	14,0	6,5	11,0	1,5
Ery 4	3,5	1,0	1,5	,,	0,5	4,5	3,0	2,0	1,5	1,0	0,5	4,5
Plasmaz.	—	—	—	,,	0,5	—	—	—	0,5	0,5	1,0	—

6*

Befund zu Tab. 29 b—d: Die bereits bekannte und erwartete Ly/Gr-Verschiebung ist auch im Knochenmark deutlich erkennbar. Durch Zunahme der Vorstufen und jugendlichen Formen der Gr kommt es außerdem zu einer Linksverschiebung, die bereits nach der 1wöchigen Beatmung mit Radiumemanation auftritt. Eine leichte Zunahme der Mesenchymzellen ist ebenfalls festzustellen. Die Erythropoese scheint bei den A-Tieren leicht vermindert, während sie bei den J-Tieren die ersten zwei Wochen stark zunimmt und dann starken Schwankungen unterliegt (vgl. Abb. 9 a—d, 10 a—d).

   c) Milz: s. Tab. 30 a und b.

Tabelle 30 a.   Vergleich der Milzbefunde bei den erwachsenen Kontroll- und Versuchstieren

| Zahl d. Tiere | Stollen- aufenthalt | % | | | | Quot. Ly/Gr |
		Ly	Granulop.	Mesenchymz.	Erythrop.	
KA (7)		36,0	17,0	45,5	1,5	2,06
VA (4)	1 Woche	38,0	20,5	39,5	2,0	1,85
VA (4)	2 Wochen	26,5	27,5	44,0	2,0	0,96
	3 Wochen			Werte fehlen		
VA (4)	4 Wochen	16,0	23,5	58,5	2,0	0,68
VA (8)	7 Wochen	29,5	24,0	45,5	1,0	1,23

Tabelle 30 b.   Vergleich der Milzbefunde bei den jugendlichen Kontroll- und Versuchstieren

| Zahl d. Tiere | Stollen- aufenthalt | % | | | | Quot. Ly/Gr |
		Ly	Granulop.	Mesenchymz.	Erythrop.	
KJ (10)		35,5	20,5	42,5	1,5	1,73
VJ (4)	1 Woche	35,0	21,0	42,0	2,0	1,67
VJ (4)	2 Wochen	17,5	19,0	62,0	1,5	0,92
VJ (4)	3 Wochen	28,0	23,0	48,5	0,5	1,22
VJ (4)	4 Wochen	17,5	20,5	61,0	1,0	0,85
VJ (5)	7 Wochen	28,0	23,5	46,0	2,5	1,20

Befund: Bei Durchsicht der Milzausstriche sieht man überwiegend Pulpazellen und Lymphozyten, die die bereits erwähnte Phagozytose aufweisen. Durch die leichte Vermehrung der Gr erscheint das Übersichtsbild bei den Vt gegenüber den Kt etwas bunter. Auch hier ergibt sich das Bild der Verschiebung des Ly/Gr-Quotienten wie bei Blut und Knochenmark, wohl aber in geringerem Ausmaß.

Tabelle 31. Der Lympho-Granulozyten-Quotient von Blut, Knochenmark und Milz bei den erwachsenen und jugendlichen Kontroll- und Versuchstieren

	Stollen-aufenthalt	A			J		
		Blut	Knochen-mark	Milz	Blut	Knochen-mark	Milz
Kt		2,35	0,69	2,06	2,27	0,71	1,73
Vt	1 Woche	1,83	0,41	1,85	1,31	0,57	1,67
Vt	2 Wochen	0,76	0,31	0,96	1,38	0,26	0,92
Vt	3 Wochen	1,07	—	—	1,53	0,25	1,22
Vt	4 Wochen	0,46	0,21	0,68	0,94	0,20	0,85
Vt	7 Wochen	1,13	0,37	1,23	1,20	0,32	1,20

12. Die Einwirkung von 14,5 . 10^{-9} C/l Luft Radiumemanation während einer 1—7wöchigen Beatmung auf das haemopoetische System des Kaninchens

Versuchsbedingungen: Die Versuche wurden unter den bereits angegebenen Bedingungen mit 17 Vt und 6 Kt durchgeführt. Alle Kt und Vt nahmen bei Überschußfütterung gleichmäßig zu, die jüngeren dem Wachstumszuwachs entsprechend mehr. Die erwachsenen Tiere kamen mit einem Gewicht von 1800 bis 2500 g, die jugendlichen mit einem solchen von 600 bis 1000 g in den Versuch. Es wurden 2 Rassen, Chinchilla und Goldloh verwendet, die aber keinerlei Unter.

Tabelle 32a. Vergleich der Blutwerte bei den Kontroll- und Versuchstieren

Zahl d. Tiere	Stollen-aufenthalt	Absolutwerte				F. I.	% Hb	°/oo Reti	%		Quot. Ly/Gr
		Ery	Leuko	Ly	Gr				Ly	Gr	
Kt (23)		4,70	8900	6497	2225	0,98	92	56	73,0	25,0	2,92
Vt (4)	1 Woche	4,87	8300	5395	2697	1,0	96	63	65,0	32,5	2,00
Vt (2)	2 Wochen	4,75	7200	4040	2916	1,0	96	70	57,5	40,5	1,42
Vt (5)	3 Wochen	4,20	7200	3960	3024	0,98	82	42	55,0	42,0	1,31
Vt (5)	4 Wochen	4,24	7400	4329	2923	1,0	83	75	58,5	39,5	1,48
Vt (2)	6 Wochen	5,39	5900	3746	2006	0,78	83	23	63,5	34,0	1,86
Vt (4)	7 Wochen	4,95	8000	5040	2760	1,0	98	31	63,0	34,5	1,82

schiede in ihren haematologischen Werten ergaben, so daß beide Gruppen gemeinsam ausgewertet werden konnten.

a) **Blut:** Die Mittelwerte der Blutbefunde sind in Tab. 32a und b zusammengestellt.

Tabelle 32b. Vergleich der Werte des Differentialblutbildes bei den Kontroll- und Versuchstieren

Zahl d. Tiere	Stollen- aufenthalt	%								
		gr. Ly	kl. Ly	Stabk.	Seg.	Übergf.	Mast.	Eo	Baso	Mono
Kt (23)		2,5	70,5	—	23,0	0,5	0,5	1,0	0,5	1,5
Vt (4)	1 Woche	2,0	63,0	—	31,0	1,0	0,5	0,5	—	2,0
Vt (2)	2 Wochen	1,0	56,5	0,5	38,5	0,5	0,5	1,0	0,5	1,0
Vt (5)	3 Wochen	1,5	53,5	0,5	40,5	0,5	1,0	0,5	0,5	1,5
Vt (5)	4 Wochen	1,5	57,0	—	38,5	1,0	0,5	—	—	1,5
Vt (2)	6 Wochen	2,0	61,5	0,5	32,5	0,5	0,5	0,5	1,0	1,0
Vt (4)	7 Wochen	1,0	62,0	0,5	32,0	—	1,0	2,0	—	1,5

Befund: Im Strich findet man bei den Kt eine mäßige Polychromasie und mäßig bis reichlich Thrombozyten. Bei den Neutrophilen beobachtet man durchweg eine pseudoeosinophile Granulation, die in ihrer Struktur feinkörniger ist als die der echten Eosinophilen, ein Befund, den auch Klieneberger [1] anführt. Vereinzelt treten Lymphoblasten auf. Ebenso wie beim Meerschweinchen findet man regelmäßig Mastzellen, die bei Mäusen fehlen. Im Gegensatz zu Meerschweinchen und Mäusen treten Basophile regelmäßig auf.

Auch beim Kaninchen wird durch mehrwöchige Dauerbeatmung mit Radiumemanation eine Verschiebung des Ly/Gr-Quotienten mit einem Maximum nach 3 Wochen bewirkt. Die Ery und Leuko zeigen gegenüber den Kt keine signifikanten Änderungen der Kammerwerte, ebenso bleiben Polychromasie und Thrombozytenzahl unverändert. Morphologisch sind keine pathologischen Zellformen zu beobachten.

b) **Knochenmark:** s. Tab. 33a und b sowie Abb. 11a—d.

Befund: Im Übersichtsbild findet man bei den Kt wenig bis mäßig Blutmark, reichlich Fettmark und mäßig Bindegewebe. Die Erythropoese erscheint mäßig; Megakaryozyten sind wenig bis mäßig vorhanden. Bei den Vt ist das Blutmark vermehrt, Fettmark und Bindegewebe sind

Tabelle 33 a. Vergleich der Knochenmarksbefunde bei den Kontroll- und Versuchstieren

| Zahl d. Tiere | Stollen-aufenthalt | % | | | | Quot. Ly/Gr |
		Ly	Granulop.	Mesenchymz.	Erythrop.	
Kt (6)		32,5	38,0	21,5	8,0	0,85
Vt (4)	1 Woche	12,5	48,5	12,5	26,5	0,26
Vt (2)	2 Wochen	23,0	38,5	28,0	10,5	0,59
Vt (5)	4 Wochen	9,5	42,5	29,0	19,5	0,22
Vt (2)	6 Wochen	23,5	44,5	18,0	14,0	0,53
Vt (4)	7 Wochen	18,5	53,0	16,5	12,0	0,34

Tabelle 33 b. Vergleich der Knochenmarksbefunde (Differentialzählung) bei den Kontroll- und Versuchstieren

| | | Stollenaufenthalt in Wochen | | | | |
| | Kt | Vt | | | | |
		1	2	3	4	7
Myelobl.	0,5	2,0	1,0	0,5	1,0	2,0
Promyz.	1,5	4,0	2,0	2,0	2,0	2,0
Myeloz.	1,5	3,0	2,5	2,5	2,5	4,0
Eo-Myeloz.	0,5	0,5	0,5	1,0	1,5	1,0
Jungk.	1,0	3,0	1,0	2,5	5,5	4,5
Stabk.	6,0	15,0	4,5	10,5	7,0	13,5
Seg.	22,5	16,5	22,0	21,0	22,5	22,0
Übergf.	2,0	2,0	3,0	—	1,0	—
Eo	1,0	1,0	1,0	0,5	0,5	1,5
Baso	—	0,5	—	—	—	—
Mastz.	1,5	0,5	2,0	1,0	1,0	0,5
Mono	1,5	1,0	1,0	2,0	1,5	2,5
Reti	18,5	10,5	25,0	26,0	16,0	15,0
Megakaryoz.	0,5	1,0	0,5	1,0	0,5	1,0
gr. Ly	2,5	2,0	1,0	0,5	0,5	0,5
kl. Ly	30,0	10,5	22,0	9,0	23,0	18,0
Ery 1	1,0	3,0	1,5	0,5	0,5	0,5
Ery 2	0,5	2,0	—	1,5	1,0	—
Ery 3	5,0	15,5	6,5	6,5	6,0	4,0
Ery 4	1,5	6,0	2,5	10,5	6,5	7,5
Plasmaz.	1,0	0,5	0,5	1,0	0,5	—

unverändert, ebenso Megakaryozyten und Plasmazellen. Die Erythropoese ist gegenüber den Kt durchaus lebhafter. Wie im peripheren Blutbild kommt es auch im Knochenmark zu einer Lymphozytenab- und einer Granulozytenzunahme. Der Ly/Gr-Quotient erreicht in der 4. Woche den kleinsten Wert. Auffallend sind die wellenförmigen Schwankungen, denen der Ly/Gr-Quotient im Laufe der Wochen unterliegt; auf jeden Lymphozytensturz folgt ein Anstieg in der darauffolgenden Woche, gefolgt von einem neuerlichen Abfall. In der Granulopoese bleiben die neutrophilen Segmentierten mit Ausnahme der ersten Wochen stationär, während die Jugendformen deutlich zunehmen (vgl. Tab. 33 b). Die Erythropoese bei den Vt ist deutlich angeregt, besonders nach der 1. und 4. Woche. Pathologische Zellformen treten nicht auf.

     c) Milz: s. Tab. 34.

Tabelle 34. Vergleich der Milzbefunde bei den Kontroll- und Versuchstieren

Zahl d. Tiere	Stollen- aufenthalt	%				Quot. Ly/Gr
		Ly	Granulop.	Pulpa- u. Mesenchymz.	Erythrop.	
Kt (6)		31,0	16,0	49,5	3,5	1,94
Vt (4)	1 Woche	39,0	13,5	45,0	2,5	2,85
Vt (2)	2 Wochen	23,0	28,0	44,0	5,0	0,82
Vt (5)	4 Wochen	11,5	18,0	66,5	4,0	0,64
Vt (2)	6 Wochen	20,5	19,0	58,5	2,0	1,08
Vt (4)	7 Wochen	23,5	17,0	58,5	1,5	1,38

Befund: Das Ausstrichpräparat der Kt erscheint zellreich, Pulpazellen und Ly sind vorherrschend, Bindegewebe ist wenig vorhanden; die Erythropoese ist schwach entwickelt. Vereinzelt findet man Myeloblasten, Promyelozyten und Plasmazellen.

Der Strich bei den Vt ist ebenfalls zellreich, das Bild erscheint gegenüber den Kt bunter, Pulpazellen sind wiederum vorherrschend; Bindegewebe scheint etwas vermehrt. Myeloblasten, Lymphoblasten und Plasmazellen sind ebenfalls vereinzelt vorhanden. Auch in den Milzausstrichen fällt wiederum die typische Abnahme des Ly/Gr-Quotienten auf, mit einem Minimum in der 4. Woche.

Tabelle 35. Der Lympho-Granulozyten-Quotient von Blut, Knochenmark und Milz bei den Kontroll- und Versuchstieren

	Stollenaufenthalt	Blut	Knochenmark	Milz
Kt		2,92	0,85	1,94
Vt	1 Woche	2,00	0,26	2,85
Vt	2 Wochen	1,42	0,59	0,82
Vt	3 Wochen	1,31	—	—
Vt	4 Wochen	1,48	0,22	0,64
Vt	6 Wochen	1,86	0,53	1,08
Vt	7 Wochen	1,82	0,34	1,38

13. Die Einwirkung von 14,5 . 10^{-9} C/l Luft Radiumemanation während einer 1—5tägigen Beatmung auf das haemopoetische System der weißen Maus

Die Untersuchungen hatten die Bestimmung des näheren Zeitpunktes der bisher unter dem Einfluß von Radiumemanation in allen Versuchen gesetzmäßig aufgetretenen Verschiebungen des Ly/Gr-Quotienten im Blut und Knochenmark der Vt zum Ziel. Da die bisherigen Mäuseversuche eine raschere Reaktionsfähigkeit der jungen Tiere ergaben, verwendeten wir junge männliche weiße Mäuse von 17 g im Mittel. Die Tiere wurden 1, 2, 3 und 5 Tage beatmet und dann getötet.

Versuchsbedingungen: s. Versuch 10 bis 12.

a) Blut: s. Tab. 36.

Tabelle 36. Vergleich der Blutwerte bei den jugendlichen Kontroll- und Versuchstieren

Zahl d. Tiere	Stollen-aufenthalt	Absolutwerte			%		Quotient Ly/Gr
		Leuko	Ly	Gr	Ly	Gr	
KJ (10)		5100	3417	1555	67,0	30,5	2,20
VJ (5)	1 Tag	4500	2970	1440	66,0	32,0	2,06
VJ (5)	2 Tage	2100	1071	997	51,0	47,5	1,07
VJ (5)	3 Tage	2150	1022	1075	47,5	50,0	0,95
VJ (7)	5 Tage	3850	2118	1517	55,0	42,0	1,31

Befund: Im Differentialblutbild zeigt sich bereits nach 2tägiger Beatmung eine deutliche Abnahme der Ly, die nach 3 Tagen noch stärker in Erscheinung tritt; nach 5 Tagen besteht eine leichte Erholung der Lymphozytenwerte, sie erreichen aber nicht die Norm. Entgegengesetzt verhalten sich die Gr. Auffallend ist die starke Abnahme der Leuko infolge des starken Absinkens der Ly.

b) Knochenmark: s. Tab. 37a und b.

Tabelle 37a. Vergleich der Knochenmarksbefunde bei den Kontroll- und Versuchstieren

Zahl d. Tiere	Stollen-aufenthalt	%				Quot. Ly/Gr
		Ly	Granulop.	Mesenchymz.	Erythrop.	
KJ (9)[1]		40,0	38,5	16,0	5,5	1,03
VJ (5)	1 Tag	24,0	56,5	15,0	4,5	0,42
VJ (5)	2 Tage	22,5	61,5	10,5	5,5	0,33
VJ (5)	3 Tage	24,5	54,5	18,5	3,0	0,45
VJ (7)	5 Tage	18,5	59,0	19,0	3,5	0,31

[1] Werte aus Tab. 24a entnommen.

Befund: Der Knochenmarksausstrich der Vt zeigt im Vergleich zu dem der Kt keine Veränderungen im Verhältnis Fettmark:Blutmark:Bindegewebe. Die Differentialzählung ergibt bereits nach einer 1tägigen Beatmung eine deutliche Abnahme der Ly und relative Zunahme der Gr (s. nachstehende Tab. 37b). Der dadurch entstandene niedere Ly/Gr-Quotient bleibt während der 5tägigen Versuchsdauer niedrig, eine weitere relative Ly-Abnahme erfolgt nicht mehr. Bei den Gr sind die Stabk. und Seg. vermehrt, so daß sich das Bild einer Linksverschiebung ergibt (s. Abb. 12a—d). Die Erythropoese erscheint unauffällig.

c) Milz: s. Tab. 38.

Befund: Man findet bei den Vt ebenfalls ein deutliches Absinken der Ly im Milzausstrich bereits nach 1tägiger Beatmung, während die Gr nur wenig zunehmen. Bis auf eine mäßige relative Zunahme der Pulpazellen ergibt sich keine weitere Änderung.

Tabelle 37 b. Vergleich der Knochenmarksbefunde (Differentialzählung) bei den Kontroll- und Versuchstieren

	Stollenaufenthalt in Tagen				
	KJ	VJ			
		1	2	3	5
Myelobl.	0,5	—	—	0,5	0,5
Promyz.	0,5	1,0	0,5	0,5	1,0
Myeloz.	—	0,5	—	0,5	0,5
Eo-Myeloz.	—	—	—	—	0,5
Jungk.	0,5	0,5	0,5	0,5	0,5
Stabk.	3,0	11,5	10,5	6,0	6,0
Seg.	16,0	24,0	29,0	27,0	26,5
Übergf.	16,0	17,0	18,0	17,5	21,5
Eo	1,0	0,5	0,5	—	0,5
Mono	1,0	1,5	2,5	1,5	1,5
Reti	14,0	14,0	9,5	17,5	18,0
Megakaryoz.	1,0	1,0	1,0	1,0	1,0
gr. Ly	3,0	1,0	0,5	0,5	1,0
kl. Ly	37,0	23,0	22,0	24,0	17,5
Ery 1	—	—	—	—	—
Ery 2	—	0,5	—	—	—
Ery 3	3,5	1,0	1,5	0,5	1,0
Ery 4	2,0	3,0	4,0	2,5	2,5

Tabelle 38. Vergleich der Milzbefunde bei den Kontroll- und Versuchstieren

Zahl d. Tiere	Stollenaufenthalt	%				Quot. Ly/Gr
		Ly	Granulop.	Pulpaz.	Erythrop.	
KJ (9)[1]		39,0	15,0	42,5	3,5	2,60
VJ (5)	1 Tag	22,5	17,5	58,5	1,0	1,28
VJ (5)	2 Tage	21,0	21,5	55,0	2,5	0,97
VJ (5)	3 Tage	22,0	22,0	53,5	2,5	1,00
VJ (7)	5 Tage	21,0	19,0	58,5	1,5	1,10

[1] Werte aus Tab. 25a.

                           O. Henn

Tabelle 39. Der Lympho-Granulozyten-Quotient von Blut, Knochenmark und Milz bei den Kontroll- und Versuchstieren

	Stollenaufenthalt	Blut	Knochenmark	Milz
KJ		2,20	1,03	2,60
VJ	1 Tag	2,06	0,42	1,28
VJ	2 Tage	1,07	0,33	0,97
VJ	3 Tage	0,95	0,45	1,00
VJ	5 Tage	1,31	0,31	1,10

14. Die Einwirkung von $14,5 \cdot 10^{-9}$ C/l Luft Radiumemanation während einer 4wöchigen Beatmung auf das haemopoetische System der weißen Maus mit anschließender Weiterbeobachtung der Vt durch 10 Wochen

Es war neuerlich die Frage zu untersuchen, ob und wie weit die beobachteten und regelmäßig unter der Einwirkung von Radiumemanation auftretenden Zellverschiebungen im haemopoetischen System bei den Vt nach deren Entfernung aus dem strahlenden Milieu sich rückbilden (s. Versuche 6 und 7).

Versuchsbedingungen: 20 junge männliche weiße Mäuse von 17—19 g und 11 erwachsene von 25 g wurden 4 Wochen mit $14,5 \cdot 10^{-9}$ C/l Luft Radiumemanation und unter den bisherigen Bedingungen beatmet. Je 5 Tiere wurden unmittelbar darauf bzw. 3, 6 und 10 Wochen nach der Beatmung getötet. Die Differentialblutbilder wurden 3, 4, 5 und 7 Tage nach der erfolgten Beatmung, die Kammerwerte, Knochenmarks- und Milzbefunde aus technischen Gründen nur zu den Tötungsterminen erhoben.

Da die Vt Inzuchttiere desselben Stammes waren, fühlten wir uns berechtigt, die in den vorhergehenden Versuchen ermittelten Werte der Kt als Basiswerte der vergleichenden Untersuchung zu verwenden.

a) Blut: Die Tab. 40a und b geben Aufschluß über die gefundenen Blutwerte.

Befund: Die nach 4wöchiger Beatmung bei den Vt ermittelten haematologischen Werte stimmen sehr gut mit jenen des Versuches 10 überein (vgl. Tab. 23a und b, Spalte 5). Der Ly/Gr-Quotient sinkt auf 0,72 bzw. 1,08 bei A- und J-Tieren ab. 2 Tage nach der Beatmung sind die Ly bereits wieder sprunghaft angestiegen bzw. die Gr abgefallen; nach 5 Tagen (J-Tiere) und 7 Tagen (A-Tiere) ergibt die Differentialzählung dieselben Werte wie bei den Kt. Diese Werte bleiben auch

Tabelle 40 a. Vergleich der Blutwerte bei den erwachsenen Kontroll-
und Versuchstieren

Zahl d. Tiere	Stollen-aufenthalt	Absolutwerte				% Hb	$^0/_{00}$ Reti	%		Quotient Ly/Gr
		Ery	Leuko	Ly	Gr			Ly	Gr	
KA (10)[1]		5,88	4400	3234	1078	98	64	73,5	24,5	3,00
VA (5)	4 Wochen	5,80	4300	1742	2430	97	—	40,5	56,5	0,72
	Nach Stollen									
VA (6)	3 Tage	—	—	—	—	—	—	65,5	30,5	2,15
VA (3)	4 Tage	—	—	—	—	—	—	67,5	29,5	2,29
VA (6)	5 Tage	—	—	—	—	—	—	62,5	34,0	1,84
VA (6)	7 Tage	—	—	—	—	—	—	75,5	21,5	3,51
VA (3)	3 Wochen	5,19	7600	5168	2242	81	—	68,0	29,5	2,30
VA (3)	6 Wochen	5,13	4500	3150	1125	81	—	70,0	25,0	2,80

[1] Werte aus Tab. 22a.

Tabelle 40 b. Vergleich der Blutwerte bei den jugendlichen Kon-
troll- und Versuchstieren

Zahl d. Tiere	Stollen-aufenthalt	Absolutwerte				%			Quot. Ly/Gr
		Ery	Leuko	Ly	Gr	Hb	Ly	Gr	
KJ (9)[1]		5,23	5100	3700	1225	98	74,0	24,5	3,02
VJ (5)	4 Wochen	5,88	5300	2666	2455	99	50,5	46,5	1,08
	Nach Stollen								
VJ (5)	3 Tage	—	—	—	—	—	63,0	33,5	1,88
VJ (5)	4 Tage	—	—	—	—	—	69,0	26,0	2,65
VJ (5)	5 Tage	—	—	—	—	—	70,0	25,0	2,80
VJ (5)	7 Tage	—	—	—	—	—	70,5	25,0	2,82
VJ (5)	3 Wochen	5,17	5600	3894	1540	82	69,5	27,5	2,52
VJ (5)	6 Wochen	5,61	8000	5040	2600	93	63,0	32,5	1,93
VJ (5)	10 Wochen	5,54	5650	3785	1723	90	67,0	30,5	2,20

[1] Werte aus Tab. 22a.

3—10 Wochen nach der Beatmung bestehen, d. h. zu diesem Zeitpunkt
bietet das Blutbild der Maus keinen Hinweis auf die stattgehabte Beatmung mit Radiumemanation.

b) Knochenmark: s. Tab. 41a—c.

Tabelle 41 a.   Vergleich der Knochenmarksbefunde bei den erwachsenen Kontroll- und Versuchstieren

Zahl d. Tiere	Stollen-aufenthalt	%				Quot. Ly/Gr
		Ly	Granulop.	Mesenchymz.	Erythrop.	
KA (10[1])		37,0	42,0	15,0	6,0	0,88
VA (5)	4 Wochen	19,5	64,5	12,0	4,0	0,30
	nach Stollen					
VA (3)	3 Wochen	17,0	64,0	12,5	6,5	0,27
VA (3)	6 Wochen	11,5	64,5	22,5	1,5	0,18

[1] Werte aus Tab. 24a.

Tabelle 41 b.   Vergleich der Knochenmarksbefunde bei den jugendlichen Kontroll- und Versuchstieren

Zahl d. Tiere	Stollen-aufenthalt	%				Quot. Ly/Gr
		Ly	Granulop.	Mesenchymz.	Erythrop.	
KJ (9)[1]		40,0	38,5	16,0	5,5	1,05
VJ (5)	4 Wochen	20,5	67,0	8,5	4,0	0,30
	nach Stollen					
VJ (5)	3 Wochen	17,5	61,5	12,5	8,5	0,28
VJ (5)	6 Wochen	12,5	71,5	13,5	2,5	0,17
VJ (5)	10 Wochen	11,5	61,5	21,5	5,5	0,19

[1] Werte aus Tab. 24 a.

Befund: Auch die Knochenmarkswerte der in diesem Versuch durch 4 Wochen beatmeten Tiere stimmen ebenfalls gut mit jenen des Versuches 10 überein (vgl. Tab. 24b und c, 5. Spalte). Der Ly/Gr-Quotient sinkt von 0,88 bei A- bzw. 1,03 bei J-Tieren auf 0,30 für beide Tiergruppen ab. Im Gegensatz zum Differentialbild des Blutes, das bereits einige Tage nach der Beatmung wieder Werte annimmt, wie sie vor dem Versuch bestanden, zeigt jedoch das Knochenmark keine Tendenz zur Remission auf. Der Ly/Gr-Quotient ist 3, 6 und 10 Wochen nach der Beatmung, bei beiden Gruppen gut übereinstimmend, noch weiter abgesunken. Durch die vorwiegende Zunahme der Übergf. und Stabk. kommt es im Knochenmark außerdem zum Bild der ausgeprägten

Tabelle 41 c. Vergleich der Knochenmarksbefunde (Differential-zählung) bei den erwachsenen und jugendlichen Kontroll- und Versuchstieren

	KA[1]	VA			KJ[1]	VJ			
		4 Wochen im Stollen	3 Wochen nach Stollen	6 Wochen nach Stollen		4 Wochen im Stollen	3 Wochen nach Stollen	6 Wochen nach Stollen	10 Wochen nach Stollen
Myelobl.	0,5	0,5	0,5	0,5	0,5	0,5	0,5	0,5	1,0
Promyz.	0,5	1,0	1,0	0,5	0,5	1,0	1,5	1,5	1,0
Myeloz.	—	1,5	—	—	—	0,5	—	0,5	—
Eo-Myeloz.	—	—	—	0,5	—	—	—	0,5	—
Jungk.	—	1,0	—	1,0	0,5	0,5	0,5	1,5	1,5
Stabk.	3,0	11,5	5,5	10,0	3,0	14,0	5,5	17,5	17,5
Seg.	22,5	24,5	34,5	17,5	16,0	25,5	30,5	25,0	20,0
Übergf.	13,5	21,0	20,5	33,5	16,0	21,0	21,0	23,0	17,0
Eo	1,0	—	—	—	1,0	0,5	—	—	0,5
Mono	1,0	3,5	2,0	1,5	1,0	3,5	2,0	1,5	2,5
Reti	14,0	10,5	11,5	21,5	15,0	8,0	12,0	13,0	19,5
Megakaryoz.	1,0	1,5	1,0	1,0	1,0	1,0	0,5	0,5	1,0
Ferrataz.	—	—	—	—	—	—	—	—	1,5
gr. Ly	3,0	1,0	2,5	1,0	3,0	1,5	1,5	2,5	1,0
kl. Ly	34,0	18,5	14,5	10,5	37,0	19,0	16,0	10,0	10,0
Ery 1	—	—	—	—	—	—	—	—	—
Ery 2	—	—	0,5	—	—	—	0,5	—	0,5
Ery 3	4,5	1,0	5,0	—	3,5	1,0	7,0	—	2,0
Ery 4	2,0	3,0	1,0	1,0	2,0	2,5	1,0	2,5	3,0

[1] Werte aus Tab. 24d.

Linksverschiebung; die Erythropoese ist unauffällig (s. Abb. 13a—c, Abb. 14a—d).

c) Milz: s. Tab. 42a und b.

Befund: Auch in der Milz kommt es wiederum zum gewohnten Bild der Lymphozytenab- und Granulozytenzunahme, die auch während der auf die Beatmung folgenden 10wöchigen Beobachtungszeit ähnlich wie im Knochenmark andauert. Die Ly nehmen in den auf die Beatmung folgenden Wochen stetig ab, während die Gr starken Schwankungen unterliegen.

Tabelle 42 a. Vergleich der Milzbefunde bei den erwachsenen Kontroll- und Versuchstieren

Zahl d. Tiere	Stollenaufenthalt	%				Quot. Ly/Gr
		Ly	Granulop.	Mesenchymz.	Erythrop.	
KA (10)[1]		39,5	14,0	43,0	3,5	2,82
VA (5)	4 Wochen	28,5	21,5	48,5	2,0	1,32
	nach Stollen					
VA (3)	3 Wochen	25,0	21,0	47,5	6,5	1,19
VA (3)	6 Wochen	27,5	14,5	57,5	0,5	1,91

[1] Werte aus Tab. 25a.

Tabelle 42 b. Vergleich der Milzbefunde bei den jugendlichen Kontroll- und Versuchstieren

Zahl d. Tiere	Stollenaufenthalt	%				Quot. Ly/Gr
		Ly	Granulop.	Mesenchymz.	Erythrop.	
KJ (9)[1]		39,0	15,0	42,5	3,5	2,60
VJ (5)	4 Wochen	28,5	24,0	44,5	3,0	1,18
	nach Stollen					
VJ (5)	3 Wochen	28,5	16,5	52,5	2,5	1,75
VJ (5)	6 Wochen	18,5	23,0	57,0	1,5	0,80
VJ (5)	10 Wochen	16,0	14,0	69,0	1,0	1,14

[1] Siehe Tab. 25a.

15. Die Einwirkung von $14,5 \cdot 10^{-9}$ C/l Luft Radiumemanation während einer 6wöchigen Beatmung auf das haemopoetische System der weißen Maus mit anschließender Weiterbeobachtung der Vt durch 23 Wochen

Versuchsbedingungen: 30 männliche erwachsene Mäuse von 30 g im Mittel wurden durch 6 Wochen unter den bekannten Versuchsbedingungen beatmet. Die nachfolgende Beobachtungszeit erstreckte sich auf 23 Wochen.

Nach dem 6wöchigen Stollenaufenthalt hatten die Tiere ein gesundes Aussehen, das Fell war glatt und glänzend; zum Zeitpunkt der Tötung besaßen sie ein Gewicht zwischen 30 und 40 g. Im Laufe der auf die Beatmung folgenden Zeit wurde das Fell struppiger. 5 Tiere sind während der Versuchsdauer aus unbekannter Ursache eingegangen. Tumoren kamen nicht zur Beobachtung. Die inneren Organe waren stark in Fett eingelagert.

a) **Blut**: s. Tab. 43. Da der lymphozytensenkende Einfluß von Radiumemanation bei länger dauernder Einwirkung durch mehrfache Versuche als gesichert angenommen werden kann, wurde auf die Erhebung der Befunde unmittelbar nach der Beatmung verzichtet, um Tiere für die folgende Beobachtungszeit zu sparen.

Tabelle 43. Vergleich der Blutwerte bei den Kontroll- und Versuchstieren

Zahl d. Tiere	Nach Stollen	Absolutwerte				%				Quotient Ly/Gr
		Ery	Leuko	Ly	Gr	Hb	Ly	Gr	Mono	
Kt (10)[1]		5,88	4400	2334	1078	98	73,5	24,5	2,0	3,00
Vt (6)	3 Tage	—	—	—	—	—	70,0	27,0	3,0	2,59
Vt (6)	4 Tage	—	—	—	—	—	64,5	34,5	1,0	1,87
Vt (6)	5 Tage	—	—	—	—	—	64,5	33,5	2,0	1,93
Vt (6)	7 Tage	5,11	3500	2432	1050	75	69,5	30,0	0,5	2,31
Vt (5)	6 Wochen	6,55	3360	1848	1416	97	55,0	43,5	1,5	1,26
Vt (5)	11 Wochen	5,56	2840	1746	1065	91	61,5	37,5	1,0	1,64
Vt (6)	17 Wochen	5,92	3750	1931	1762	85	51,5	47,0	1,5	1,10
Vt (3)	19 Wochen	—	—	—	—	—	71,5	27,0	1,5	2,60
Vt (3)	22 Wochen	—	—	—	—	—	64,0	34,5	1,5	1,86
Vt (3)	23 Wochen	6,24	6250	4094	2125	81	65,5	34,0	0,5	1,90

[1] Werte aus Tab. 22a.

Befund: Bereits 3 Tage nach der 6wöchigen Beatmung ist die Lymphozytenzahl, die vor dem Versuch bestand, annähernd erreicht. Der Ly/Gr-Quotient unterliegt in den folgenden Tagen und Wochen Schwankungen und erreicht nach 17 Wochen seinen niedrigsten Wert. Mit Rücksicht auf die normale Alterung der Vt, die mit einer physiologischen Abnahme der Ly verbunden ist, kann die auf die Beatmung folgende Abnahme der Ly nicht allein auf den Einfluß von Radiumemanation zurückgeführt werden. Die Veränderungen der Ly- und Gr-Zahlen zeigen während der auf die Beatmung folgenden Wochen einen wellenförmigen Verlauf.

b) **Knochenmark**: vgl. Tab. 44a und b.

Befund: Die Knochenmarksausstriche der 1, 6, 11 und 17 Wochen nach der Beatmung getöteten Tiere sind zellreich, enthalten reichlich Blutmark, wenig Fettmark und wenig Bindegewebe. Die Striche, die

Tabelle 44a. Vergleich der Knochenmarksbefunde bei den Kontroll- und Versuchstieren

Zahl d. Tiere	nach Stollen-aufenthalt	%				Quot. Ly/Gr
		Ly	Granulop.	Mesenchymz.	Erythrop.	
Kt (10)[1]		37,0	42,0	15,0	6,0	0,88
Vt (6)	1 Woche	11,0	65,5	20,0	3,5	0,17
Vt (5)	6 Wochen	11,0	58,0	22,0	9,0	0,19
Vt (5)	11 Wochen	8,5	61,5	27,0	3,0	0,14
Vt (6)	17 Wochen	5,5	59,5	23,5	12,0	0,09
Vt (3)	23 Wochen	12,0	51,5	34,5	2,0	0,23

[1] Werte aus Tab. 24a.

Tabelle 44b. Vergleich der Knochenmarksbefunde (Differentialzählung) bei den Kontroll- und Versuchstieren

		Wochen nach Stollenaufenthalt				
	Kt[1]	Vt				
		1	6	11	17	23
Myelobl.	0,5	1,0	2,0	—	1,0	—
Promyz.	0,5	0,5	—	1,0	0,5	—
Myeloz.	—	0,5	1,0	0,5	1,0	0,5
Eo-Myeloz.	—	1,0	—	—	1,0	—
Metamyeloz.	—	1,0	1,5	1,0	2,0	1,5
Stabk.	3,0	5,0	6,5	4,0	7,5	11,0
Seg.	22,5	27,0	20,5	38,0	26,0	17,5
Übergf.	13,5	28,0	25,0	15,5	18,5	20,5
Eo	1,0	—	—	0,5	0,5	—
Mono	1,0	1,5	1,5	1,0	1,0	0,5
Reti	14,0	19,0	21,5	26,0	22,0	33,5
Megakaryoz.	1,0	1,0	0,5	1,0	1,0	1,0
Plasmaz.	—	—	—	—	0,5	—
gr. Ly	3,0	2,0	1,0	0,5	0,5	1,5
kl. Ly	34,0	9,0	10,0	8,0	5,0	10,5
Ery 1	—	—	0,5	—	0,5	—
Ery 2	—	—	1,0	0,5	1,0	—
Ery 3	4,0	1,0	2,5	1,0	5,5	—
Ery 4	2,0	2,5	5,0	1,5	5,0	2,0

[1] Werte aus Tab. 24d.

23 Wochen nach der Bestrahlung erhalten wurden, sind weniger zellreich, ebenso ist weniger Blutmark vorhanden. Da aber nur mehr 3 Vt zur Verfügung standen, können daraus keine Schlußfolgerungen gezogen werden. Im Differentialbild ist die Granulopoese durch jugendliche Formen, Stabkernige und Übergangsformen stark vermehrt, es entsteht das Bild der Linksverschiebung (vgl. Abb. 15 a—e). Die Befunde sind außerordentlich regelmäßig, da nicht nur die Versuchsgruppen, sondern jedes einzelne Tier dieselben Veränderungen aufweist. Die Ly sind allgemein stark — auf $^1/_3$ bis $^1/_7$ des Ausgangswertes — vermindert. Die Erythropoese ist abwechselnd ab- und zunehmend, die Mesenchymzellen sind allgemein vermehrt. Pathologische Zellformen treten nicht auf.

c) Milz: s. Tab. 45.

Tabelle 45.   Vergleich der Milzbefunde bei den Kontrollund Versuchstieren

Zahl d. Tiere	Nach Stollenaufenthalt	%				Quot. Ly/Gr
		Ly	Granulop.	Mesenchymz.	Erythrop.	
Kt (10)[1]		39,5	14;0	43,0	3,5	2,82
Vt (6)	1 Woche	20,0	19,5	57,0	3,5	1,02
Vt (5)	6 Wochen	27,0	16,0	55,0	2,0	1,70
Vt (5)	11 Wochen	31,0	26,0	43,0	—	1,20
Vt (6)	17 Wochen	29,5	13,0	43,5	14,0	2,27
Vt (3)	23 Wochen	21,5	13,5	63,0	2,0	1,60

[1] Werte aus Tab. 25a.

Befund: Die Striche sind zellreich und enthalten mäßig Bindegewebe. In den Präparaten der 17 Wochen nach der Beatmung getöteten Tiere fällt die lebhafte Erythropoese auf, die in guter Übereinstimmung mit den entsprechenden Knochenmarksbefunden steht. Die Lymphozytenzahl ist 1 Woche nach der Bestrahlung auf die Hälfte des Normalwertes abgesunken, nimmt dann im Laufe der folgenden Wochen zu, ohne aber die Norm zu erreichen. Die Gr zeigen kein charakteristisches Verhalten. Auch in der Milz ist der Ly/Gr-Quotient während der Beobachtungszeit deutlich erniedrigt. Die Pulpazellen erscheinen infolge der verringerten Lymphozytenzahl relativ vermehrt.

Tabelle 46. Der Lympho-Granulozyten-Quotient im Blut, Knochenmark und Milz bei den Kontroll- und Versuchstieren

	Nach Stollen	Blut	Knochenmark	Milz
Kt[1]		3,00	0,88	2,82
Vt	3 Tage	2,59	—	—
Vt	4 Tage	1,87	—	—
Vt	5 Tage	1,93	—	—
Vt	1 Woche	2,31	0,17	1,02
Vt	6 Wochen	1,26	0,19	1,70
Vt	11 Wochen	1,64	0,14	1,20
Vt	17 Wochen	1,10	0,09	2,27
Vt	19 Wochen	2,60	—	—
Vt	22 Wochen	1,86	—	—
Vt	23 Wochen	1,90	0,23	1,60

[1] Werte aus Tab. 26.

16. Die Einwirkung von 14,5 . 10^{-9} C/l Luft Radiumemanation während einer 12wöchigen Beatmung auf das haemopoetische System der weißen Maus mit anschließender Weiterbeobachtung der Vt durch 31 Wochen

Versuchsbedingungen: vgl. Versuch 10 und folgende; dieser Versuch wurde mit 30 männlichen Mäusen und 30 g im Mittel durchgeführt.

Auch diese Tiere hatten nach dem 12wöchigen Stollenaufenthalt ein gesundes Aussehen. Zum Tötungszeitpunkt wogen die Tiere zwischen 30 und 40 g. Im Verlaufe der auf die Beatmung folgenden Wochen wurde wiederum das Fell der Tiere struppiger, der natürliche Glanz ging verloren; die Eingeweide waren stark in Fett eingebettet. Zwei Tiere sind aus unbekannten Gründen eingegangen.

a) Blut: s. Tab. 47.

Befund: Eine Woche nach Beatmung sind die Erythrozytenwerte der Vt deutlich erniedrigt, ebenso das Hb. Es erfolgt dann in den folgenden Wochen ein allmähliches Ansteigen der Ery, mit 16 Wochen nach der Bestrahlung sind die Werte der Kt erreicht und ändern sich in der nachfolgenden Zeit nur mehr unwesentlich. Die Hb-Werte steigen ebenfalls allmählich an. Die Leuko sind gleichfalls die ersten Wochen nach der Beatmung erniedrigt, erreichen aber in der darauffolgenden Zeit Werte, die höher liegen als die der Kt. Der Ly/Gr-Quotient ist bereits 2 Tage nach der Beatmung praktisch wieder normal, der relative Anteil

Tabelle 47.   Vergleich der Blutwerte bei den Kontroll- und Versuchstieren

Zahl d. Tiere	Nach Stollen	Absolutwerte				%				Quotient Ly/Gr
		Ery	Leuko	Ly	Gr	Hb	Ly	Gr	Mono	
Kt (10)[1]		5,88	4400	2334	1078	98	73,5	24,5	2,0	3,00
Vt (5)	2 Tage	—	—	—	—	—	72,0	27,0	1,0	2,67
Vt (5)	3 Tage	—	—	—	—	—	71,0	27,5	1,5	2,59
Vt (5)	4 Tage	—	—	—	—	—	74,0	24,0	2,0	3,08
Vt (5)	5 Tage	—	—	—	—	—	68,0	30,5	1,5	2,30
Vt (5)	7 Tage	4,40	2500	1675	800	60	66,5	31,0	2,5	2,11
Vt (5)	4 Wochen	5,03	4000	3000	980	72	75,0	24,5	0,5	3,06
Vt (5)	10 Wochen	5,67	3420	2018	1268	72	59,0	40,0	1,0	1,47
Vt (5)	14 Wochen	—	—	—	—	—	62,5	36,5	1,0	1,71
Vt (4)	16 Wochen	5,89	7100	4244	2860	77	59,5	40,0	0,5	1,49
Vt (5)	25 Wochen	6,02	4900	2866	1876	88	58,5	38,5	3,0	1,50
Vt (4)	31 Wochen	5,33	6600	3234	3267	89	49,0	49,5	1,5	1,00

[1] Werte aus Tab. 22a.

der Ly und Gr im Differentialblutbild zeigt Werte, die sich von denen der Kt kaum unterscheiden. Erst ab der 10. Woche nach der Beatmung ist ein deutlicher Abfall der Ly und damit auch des Ly/Gr-Quotienten zu sehen.

b) Knochenmark: s. Tab. 48 a und b.

Tabelle 48 a.   Vergleich der Knochenmarksbefunde bei den Kontroll- und Versuchstieren

Zahl d. Tiere	Nach Stollen-aufenthalt	%				Quot. Ly/Gr
		Ly	Granulop.	Mesenchymz.	Erythrop.	
Kt (10)[1]		37,0	42,0	15,0	6,0	0,88
Vt (5)	1 Woche	15,0	59,0	23,0	3,0	0,25
Vt (5)	4 Wochen	10,0	60,5	26,5	3,0	0,17
Vt (5)	10 Wochen	9,0	66,5	22,5	2,5	0,14
Vt (4)	16 Wochen	10,5	66,5	19,5	3,5	0,16
Vt (5)	25 Wochen	8,0	61,0	26,0	5,0	0,13
Vt (4)	31 Wochen	8,0	69,0	18,5	4,5	0,12

[1] Werte aus Tab. 24a.

Befund: Die Knochenmarksbefunde dieses Versuches decken sich wiederum weitgehend mit denen der Versuche 14 und 15. Es kommt ebenfalls zu einer auffallenden Abnahme der Ly und Zunahme der Gr, so daß der Ly/Gr-Quotient 1 Woche nach der 3monatigen Beatmung nur mehr 0,25 gegenüber 0,88 bei den Kt beträgt. Im Gegensatz zu den Blutbefunden sinkt er im Knochenmark weiterhin von Woche zu Woche

Tabelle 48b. Vergleich der Knochenmarksbefunde (Differentialzählung) bei den Kontroll- und Versuchstieren

	Kt[1]	Wochen nach Stollenaufenthalt					
		Vt					
		1	4	10	16	25	31
Myelobl.	0,5	0,5	0,5	1,0	—	1,0	0,5
Promyz.	0,5	1,0	0,5	1,0	1,0	1,0	0,5
Myeloz.	—	0,5	1,0	0,5	2,0	0,5	0,5
Eo-Myeloz.	—	1,0	—	0,5	—	—	—
Metamyeloz.	—	1,0	2,0	1,5	2,0	1,0	1,0
Stabk.	3,0	6,0	7,5	12,5	28,5	16,5	16,0
Übergf.	13,5	19,5	20,5	22,0	15,5	20,5	21,0
Seg.	22,5	28,5	27,5	27,0	15,5	18,5	29,0
Eo	1,0	—	—	—	—	0,5	—
Mono	1,0	1,0	1,0	1,0	2,0	1,5	0,5
Reti	14,0	22,5	25,5	21,0	18,5	25,0	17,5
Megakaryoz.	1,0	0,5	1,0	1,0	1,0	1,0	1,0
gr. Ly	3,0	1,0	1,0	0,5	1,0	1,5	1,0
kl. Ly	34,0	14,0	9,0	8,5	9,5	6,5	7,0
Ery 1	—	—	—	—	—	—	—
Ery 2	—	—	—	—	—	—	—
Ery 3	4,0	1,0	0,5	1,0	0,5	—	1,0
Ery 4	2,0	2,0	2,5	1,5	3,0	5,0	3,5

[1] Werte aus Tab. 24d.

stetig ab und hat bei Ende des Versuches, also 31 Wochen nach der Beatmung, mit 0,12 den kleinsten Wert erreicht. Die Ly haben zu diesem Zeitpunkt einen Wert von 8,0% gegenüber 37,0% bei den Kt erreicht. Bei den Gr nehmen die jugendlichen Formen und Übergf. überwiegend zu, so daß wiederum das Bild der Linksverschiebung entsteht (vgl. Abb. 16a bis f). Die Befunde sind sehr einheitlich, nicht nur die einzelnen Versuchsgruppen (Wochengruppen), sondern jedes einzelne Vt reagiert im gleichen Sinn. Die Mesenchymzellen sind mäßig vermehrt, die Erythropoese scheint vermindert. Pathologische Zellformen kommen nicht zur Beobachtung.

c) Milz: vgl. Tab. 49.

Tabelle 49. Vergleich der Milzbefunde bei den Kontroll- und Versuchstieren

Zahl d. Tiere	Nach Stollen- aufenthalt	%				Quot. Ly/Gr
		Ly	Granulop.	Mesenchymz.	Erythrop.	
Kt (10)[1]		39,5	14,0	43,0	3,5	2,82
Vt (5)	1 Woche	28,0	12,5	57,0	2,5	2,24
Vt (5)	4 Wochen	30,5	10,5	56,0	3,0	2,90
Vt (5)	10 Wochen	23,5	17,0	58,5	1,0	1,38
Vt (4)	16 Wochen	34,0	16,0	48,0	2,0	2,12
Vt (5)	25 Wochen	28,5	13,5	55,5	2,5	2,11
Vt (4)	31 Wochen	20,5	20,0	54,5	5,0	1,00

[1] Werte aus Tab. 25a.

Befund: Auch in der Milz sieht man während der gesamten Versuchsdauer eine mäßige Abnahme der Ly, denen aber keine entspre-

Tabelle 50. Der Lympho-Granulozyten-Quotient von Blut, Knochenmark und Milz bei den Kontroll- und Versuchstieren

	Nach Stollen	Blut	Knochenmark	Milz
Kt[1]		3,00	0,88	2,82
Vt	2 Tage	2,67	—	—
Vt	3 Tage	2,59	—	—
Vt	4 Tage	3,08	—	—
Vt	5 Tage	2,30	—	—
Vt	1 Woche	2,11	0,25	2,24
Vt	4 Wochen	3,06	0,17	2,90
Vt	10 Wochen	1,47	0,14	1,38
Vt	14 Wochen	1,71	—	—
Vt	16 Wochen	1,49	0,16	2,12
Vt	25 Wochen	1,50	0,13	2,11
Vt	31 Wochen	1,00	0,12	1,00

[1] Werte aus Tab. 26.

chende Zunahme der Gr gegenübersteht. Bei den Gr der Milz fällt erstmalig auf, daß ab der 16. Woche nach der Beatmung der Tiere jugendliche Formen vermehrt auftreten. Die Mesenchymzellen sind durchaus vermehrt, die Erythropoese erscheint unauffällig.

3. Übersicht über die Ergebnisse in den einzelnen Versuchsreihen

Versuche 1—4: Im haemopoetischen System (Blut, Knochenmark und Milz) der Maus, des Meerschweinchens und des Kaninchens kommt es nach einer 32- bzw. 46tägigen Beatmung mit $1,8 . 10^{-9}$ C/l Luft Radiumemanation regelmäßig zu einer relativen und absoluten Lymphozytenab- und Granulozytenzunahme, die in der Verschiebung des Ly/Gr-Quotienten von Blut und Knochenmark besonders zum Ausdruck kommt. Im Quetschpräparat der Milz ist dieselbe Tendenz, jedoch nicht so ausgeprägt zu erkennen. Die Kammerwerte des Blutbildes bleiben unverändert. Im Knochenmark entsteht durch eine relative Zunahme der Vorstufen und jugendlichen Formen der weißen Blutzellen das Bild der Linksverschiebung. Pathologische Zellen, Ab- und Entartungserscheinungen werden nicht beobachtet. Eine 46tägige Beatmung der Vt ergibt gegenüber einer 32tägigen keine qualitativen und quantitativen Unterschiede.

Versuche 5—7: Auch die Beatmung der Vt mit nur $1,0 . 10^{-9}$ C/l Luft Radiumemanation durch 15 Wochen bis 4 Monate ergibt im haemopoetischen System dieselben Veränderungen wie in den vorhergehenden Versuchen. Die Kammerwerte bleiben bei den ausgewachsenen Tieren unverändert, bei sehr jugendlichen Mäusen ist jedoch eine starke Anregung der Erythropoese mit Ansteigen der Kammerwerte festzustellen. Die Differentialzählung des Blutes und Knochenmarks ergibt wiederum das typische Absinken der Lymphozyten, das im Ly/Gr-Quotienten des Knochenmarks besonders zum Ausdruck kommt. Durch die Vermehrung der jugendlichen Formen der Granulozyten kommt es im Knochenmark zum typischen Bild der Linksverschiebung. Auch im Quetschpräparat der Milz ist die Lymphozytenabnahme nachzuweisen, jedoch wesentlich uncharakteristischer wie in Blut und Knochenmark.

Während der auf die Beatmung der Vt nachfolgenden Beobachtungszeit bis zu 58 Wochen ist nur im peripheren Blut die Tendenz zur Wiederherstellung der Verteilungsverhältnisse der Leukozyten erkennbar. Im Knochenmark dagegen verschiebt sich das Verhältnis Ly/Gr weiterhin zu Ungunsten der Lymphozyten, die ausgeprägte Linksverschiebung bleibt bestehen. Es kommen keine pathologischen Zellformen zur Beobachtung.

Versuche 8 und 9: Während einer 4monatigen Beatmung des Meerschweinchens mit $1,0 \cdot 10^{-9}$ C/l Luft Radiumemanation kommt es bereits nach einer Woche zu einer starken Abnahme der Absolutwerte der eosinophilen Leukozyten im peripheren Blut sowie zu einer deutlichen Verkürzung der Gerinnungszeit. Eine quantitative Beziehung zur Beatmungsdauer ist jedoch nicht zu erkennen.

Versuche 10—12: Eine 1—7wöchige Beatmung der 3 Vt-Gruppen mit $14,5 \cdot 10^{-9}$ C/l Luft Radiumemanation ergibt dieselben charakteristischen Veränderungen im haemopoetischen System wie bei den bisherigen Versuchen: absolute und relative Lymphozytenabnahme bzw. Granulozytenzunahme, die wiederum im Ly/Gr-Quotienten des Knochenmarks am stärksten und in der Milz am geringsten zum Ausdruck kommt. In Blut und Knochenmark werden die niedrigsten Werte des Ly/Gr-Quotienten in der 3. und 4. Woche der Beatmung festgestellt. Die noch 3 Wochen weitergeführte Beatmung der Vt läßt keine Verstärkung dieses Effektes erkennen, d. h. die Befunde verstärken sich nicht in dem der Zeitrelation der Beatmung entsprechenden Ausmaß. Die Kammerwerte des Blutes bleiben unverändert, obwohl bei Meerschweinchen und Kaninchen eine passagere verstärkte Erythropoese im Knochenmark der jugendlichen Tiere auftritt. Bei jugendlichen Mäusen ist eine raschere Reaktion gegenüber den erwachsenen Tieren festzustellen. Im Knochenmark aller 3 Tiergruppen tritt eine deutliche Linksverschiebung auf. Pathologische Zellformen, Ab- und Entartungserscheinungen werden nicht beobachtet.

Versuch 13: Bereits nach einer nur 24stündigen Beatmung mit $14,5 \cdot 10^{-9}$ C/l Luft Radiumemanation ist der signifikante Lymphozytensturz im Knochenmark und in der Milz festzustellen, während er im peripheren Blut erst nach 2tägiger Beatmung absolut und relativ zum Ausdruck kommt. Im Knochenmark ist bereits nach 24 Stunden wiederum eine deutliche Linksverschiebung erkennbar.

Versuche 14—16: Es besteht für einen biologischen Versuch eine geradezu erstaunliche Übereinstimmung mit den bisher erhobenen Befunden und Werten. Unmittelbar nach der Beatmung ist bei allen 3 Versuchen der typische Lymphozytensturz im Blut, Knochenmark und Milz festzustellen. 2 Tage nach Beendigung der Beatmung nehmen die Lymphozyten im peripheren Blut wieder zu, nach 5 (junge Tiere) bzw. 7 Tagen (erwachsene Tiere) haben die Lymphozyten wieder normale Werte erreicht. Bis zu einer 10wöchigen Nachbeobachtungszeit ist im peripheren Blutbild keine Einwirkung der 4—12wöchigen Beatmung der Vt mit $14{,}5 . 10^{-9}$ C/l Luft Radiumemanation erkennbar. Erst ab der 10. Woche nehmen die Lymphozyten im Blut stetig ab und sinken bis unter die Hälfte der Ausgangswerte; die Kammerwerte bleiben unverändert. Im Knochenmark findet keine Remission der durch die Radiumemanation verursachten Lymphozytenabnahme statt; der Ly/Gr-Quotient nimmt auch noch in den auf die Beatmung folgenden Wochen stetig ab. Bei allen Vt-Gruppen wie auch bei jedem einzelnen Tier bleibt die Linksverschiebung im Knochenmark bestehen. Die Mesenchymzellen in Knochenmark und Milz nehmen im Verlaufe der auf die Beatmung folgenden Wochen zu. Pathologische Zellformen, Ab- und Entartungserscheinungen kommen nicht zur Beobachtung. Die 4-, 6- oder 12wöchige Beatmung der Vt läßt weder unmittelbar nach der Beatmung noch während der darauffolgenden Beobachtungszeit unterschiedliche Befunde erkennen. Es besteht keine qualitative oder quantitative Beziehung zur Beatmungsdauer.

4. Besprechung der Ergebnisse

Alle Versuche haben ergeben, daß die Inhalation von Radiumemanation bei den Vt Veränderungen im haemopoetischen System hervorruft, die außerordentlich monoton ablaufen. Die Einwirkung von Radiumemanation verursacht im peripheren Blut eine absolute und relative Abnahme der Lymphozyten und eine Zunahme der Granulozyten; der Quotient Ly/Gr wird signifikant kleiner[3]. Die eosinophilen Zellen nehmen ebenfalls deutlich ab, ebenso die Gerinnungszeit (vgl. Versuch 8 und 9). Normale Erythrozytenwerte werden innerhalb der physiologischen Grenzen nicht beeinflußt. Liegen sie jedoch unter dem Durch-

[3] Herrn Doz. Dr. E. Olbrich, Histolog. Institut der Univ. Innsbruck, Vorstand: Univ.-Prof. Dr. Dr. G. Sauser, bin ich für die Durchführung der statistischen Berechnungen zu großem Dank verpflichtet.

schnitt, wird eine auffallend rasch einsetzende Zunahme der Erythrozyten beobachtet (s. Vers. 6). Im Knochenmark kommt es ebenfalls zu einer Abnahme der Lymphozyten, die in der Verkleinerung des Ly/Gr-Quotienten noch prägnanter als im Blut zum Ausdruck kommt. Dieser Befund ist bereits 24 Stunden nach Beginn der Radoneinwirkung gesichert (s. Vers. 13). Weiters ist damit regelmäßig eine Linksverschiebung im Knochenmark verbunden, die durch Zunahme der Vorstufen und jungen Formen der Granulozyten entsteht. Auch im Quetschpräparat der Milz ist die Lymphozytenabnahme nachzuweisen, wenn auch weniger ausgeprägt wie im Blut und Knochenmark. Pathologische Zellformen, Ab- und Entartungserscheinungen werden nicht beobachtet. Unsere Versuche haben somit ergeben:

1. Radiumemanationskonzentrationen von 1,0, 1,8 und 14,5 . 10^{-9} C/l Luft üben auf das Vt (Maus, Meerschweinchen, Kaninchen) einen biologischen Einfluß aus, der im haemopoetischen System objektivierbar ist.

2. Innerhalb dieses Größenbereiches scheint die Dosisleistung von untergeordneter Bedeutung zu sein. Eine Beziehung zwischen Emanationskonzentration und Schweregrad der Veränderungen im haemopoetischen System der Vt konnte nicht gefunden werden. Beispielsweise sinkt der Ly/Gr-Quotient bei der weißen Maus nach einer 32tägigen Beatmung mit 1,8 . 10^{-9} C/l Luft Radiumemanation im Blut von 3,19 auf 1,25 und im Knochenmark von 1,08 auf 0,34; nach einer 4wöchigen Beatmung mit 14,5 . 10^{-9} C/l Luft sinkt der Quotient von 3,0 auf 0,99 bzw. von 1,03 auf 0,21 (s. Versuch 1 bzw. 10).

3. Von einer Beatmungsdauer von 24 Stunden an bestehen innerhalb des Bereiches der verwendeten Emanationskonzentrationen keine quantitativen und qualitativen gesetzmäßigen Beziehungen zwischen Beatmungsdauer und den beobachteten Veränderungen im haemopoetischen System. Bei einer nur 2tägigen Beatmung der Vt mit 14,5 . 10^{-9}/l C Luft sinkt der Ly/Gr-Quotient im Knochenmark von 1,03 auf 0,33, bei einer 7wöchigen von 1,03 auf 0,29 (s. Versuch 13 und 10).

4. Nach einer mehrwöchigen Beatmung der Vt mit Emanation ist die im Knochenmark neben einer regelmäßig vorkommenden Lymphozytenabnahme auftretende Linksverschiebung nicht mehr reversibel

(vgl. Versuch 14—16). Die Mesenchymzellen in Knochenmark und Milz nehmen zu.

5. Pathologische Zellformen, Abartungs- und Entartungserscheinungen im haemopoetischen System der Vt sowie Tumoren wurden bei den verwendeten Konzentrationen und Dosierungen nicht beobachtet.

Wir glauben uns zu der Annahme berechtigt, daß kleine Dosen Radiumemanation über hormonelle Faktoren die beobachteten Veränderungen im haemopoetischen System verursachen. Nur so scheint uns die universelle und monotone Reizbeantwortung erklärbar. Es war naheliegend, dem Hypophysen-Nebennierenrinden-System eine führende Rolle zuzuerkennen. Wie wir bereits zeigen konnten, kommt es unter dem Einfluß von kleinen Dosen Radiumemanation zu einer Hypertrophie und Hyperplasie der Nebennierenrinde mit einer Anreicherung von sudanophilen Substanzen, die nach heutiger Anschauung als Vorstufe für Nebennierenrindenhormone gelten [4]. Daß außerdem noch ein direkter Reiz auf das haemopoetische System selbst, besonders auf das Knochenmark, stattfindet, ist nach den Erfahrungen, die mit anderen Strahlenarten, vor allem mit der Gamma- und Röntgenstrahlung, gemacht wurden, wohl als sicher anzunehmen.

Auch in Arbeiten, die sich mit der Einwirkung von Photonenstrahlung (Röntgen- und Gammastrahlen) auf das haemopoetische System von Vt befassen, wird einheitlich eine rasche Abnahme der Lymphozyten und der Eosinophilen angegeben, während die Granulozyten häufig vermehrt gefunden werden. Bei der Ganzkörperbestrahlung ist dabei dieser Effekt von der Höhe der Dosierung ebenfalls weitgehend unabhängig, kleine und hohe Dosen ergeben dieselbe Wirkung. Bei der Bestrahlung von Mäusen mit täglich 10 r Röntgenstrahlen treten diese Veränderungen im Blutbild im Laufe eines Jahres auf; bei täglich 1 r sind die Ergebnisse unsicher (Lawrence und Mitarbeiter [5]). Nach Jacobson et alt. [6], ist ebenfalls ab 4,4 r täglich bei Mäusen, Meerschweinchen und Kaninchen eine Ly-Abnahme festzustellen. Chamberlain und Mitarbeiter [7] geben 13 r Ganzkörperbestrahlung als untere Grenze für die Erkennbarkeit einer Strahleneinwirkung auf das Blutbild an. Zu ähnlichen Ergebnissen kommen Spargo und Mitarbeiter [8] nach Dauerbestrahlungen mit Gammastrahlen von 1,1—8,8 r/Tag. Jones [9] hat

eine quantitative Beziehung zwischen Röntgendosis und Lymphozytenabnahme aufgestellt: Danach nehmen die Ly bei lang dauernder Bestrahlung von 0,1—15 r/Tag und einer Gesamtdosis von 100—200 r 0,25%
per r ab; der Effekt im Blutbild beginnt bei 5—25 r. Jacobson und
Marks [10] haben die Toleranzdosis für tägliche kleine Röntgendosen
für die weiße Maus untersucht. Sie geben den Lymphozytenabfall als
das erste Zeichen von Abnormität im peripheren Blut an, histologische
Veränderungen fehlen zu diesem Zeitpunkt.

Bei parabiotischen Mäusen sinkt nach Barnes und Fürth [11]
die Lymphozytenzahl nach Bestrahlung auch beim geschützten Tier.
Diese Befunde konnten Seyss [12] sowie Widmann und Ludwig [13]
bestätigen. Die genannten Autoren haben damit den Beweis erbracht,
daß der rasch einsetzende Lymphozytensturz nach Röntgenbestrahlung
zumindest teilweise durch hormonelle Faktoren verursacht wird.

Über die biologischen Wirkungen und Zellverschiebungen im Blutbild von Mensch und Tier nach kleinsten Dosen Röntgenstrahlen hat
besonders Pape [14] berichtet. Bei Ganzkörperbestrahlung mit über
5 r oder bei Teilbestrahlungen des Diencephalons allein sinken die Ly
und Eosinophilen in der ersten Stunde nach der Bestrahlung ab.
Pohl [15] kommt bei Ganzkörperbestrahlung mit 20 r beim Menschen
zu demselben Ergebnis. Price [16] findet als auffallendste und immer
vorhandene biologische Antwort des menschlichen Organismus auf
Röntgen- und Gammastrahlen die Verminderung der Ly. Er nimmt an,
daß eine Substanz gebildet wird, welche der Lymphozytenbildung entgegengesetzt wirkt. Teilbestrahlungen — gleichgültig ob mit Photonen-
oder Korpuskularstrahlung — ergeben denselben Effekt, aber nur unter
der Bedingung, daß die Hypophysen-Zwischenhirnregion oder die Neben-
nieren mitbestrahlt werden.

Über die Einwirkung von Radiumemanation auf das haemopoetische
System berichten von Noorden und Falta [17], daß es beim Menschen nach einer 2stündigen Einatmung von 22,6—67,5 Mache-Einheiten
je Liter Einatmungsluft zu einer passageren Leukozytose mit Zunahme
der Neutrophilen und einer absoluten und relativen Abnahme der Ly
und Eosinophilen kommt; bei einer niedrigeren Dosierung wurde die
Leukozytenformel nicht geändert. Zu gleichen Ergebnissen kam
Inouye [18].

Nemenow und Gurewitsch [19] sahen nach 20—450 Millicurie i. v. appliziertem Radon beim Kaninchen im Blutbild Lymphozytenstürze und einen Anstieg der Gr bereits nach einer halben Stunde nach der Injektion auftreten. Trotz der sehr hohen Dosen bestanden nach drei Tagen wieder normale Verhältnisse. Schraub [20] hat bei Versuchen mit weißen Mäusen bei Dauerinhalation von $1,4 \cdot 10^{-5}$ C/l Luft, das ist das 10.000fache unserer Dosierung, prinzipiell ähnliche Blutveränderungen wie wir gesehen: „Im Differentialblutbild zeigt der lymphozytäre Anteil ein monotones Absinken von Anfang an (von 80 auf 40%), die Granulozyten ein entsprechendes Ansteigen."

Van den Velden [21] gibt für den Menschen nach Aufenthalten in Emanatorien sowie nach Trinken und Injektionen von radonhaltigem Wasser eine Verkürzung der Gerinnungszeit des Blutes an.

Es kommen daher zahlreiche Autoren, von denen nur ein kleiner Teil angeführt werden konnte, zu dem Ergebnis, daß alle ionisierende Strahlung — Photonen- und Korpuskularstrahlung — bei weitgehender Unabhängigkeit der Dosierung eine Lymphozytenabnahme im haemopoetischen System verursacht, wobei eine Unterscheidung der Wirkung, ob Photonen- oder Korpuskularstrahlung, nicht möglich ist.

Die Hormone ACTH und Cortison senken beim Menschen ebenfalls die eosinophilen Zellen und die Ly bei mäßigem Anstieg der Gr. Für den Tierversuch ist die Abnahme der Ly charakteristisch [22]. Außerdem berichten Smith und Mitarbeiter [23] sowie zahlreiche andere Autoren, daß es nach ACTH und Cortison ebenfalls zu einer Verkürzung der Gerinnungszeit des Blutes kommt. Diese Hormone zeigen also vorübergehend dieselbe biologische Wirkung, wie sie nach ionisierender Strahlung eintritt. Eine funktionsfähige Nebenniere ist die Voraussetzung für den Ablauf dieser hormonell bedingten Reaktion. Selye rechnet die ionisierende Strahlung zu den „Stress"-erzeugenden Faktoren [24]. Funktionelle Teste unterstützen die These, daß die Nebennierenrindenaktivität die auf die Bestrahlung nicht spezifische Stressbeantwortung darstellt. Die typischen Blutveränderungen für das Adaptationssyndrom sind polymorphkernige Leukozytose, Lymphopenie und Eosinopenie. Als Ursache hiefür nimmt Selye die über ACTH erzeugte vermehrte Nebennierenrindenhormonausschüttung an. Inzwischen sind zahlreiche Publikationen erschienen, die diese Annahme bestätigen.

Weiters konnten Ellinger [25] sowie Langendorff und Lorenz [26] im histologischen Schnitt zeigen, daß es beim Vt nach hohen Dosen Röntgenbestrahlung zu einem völligen Verschwinden der sudanophilen Lipoide in der Nebennierenrinde kommt; einer solchen Erschöpfung der Nebennierenrinde geht eine Stimulierung voraus. Ähnliche Nebennierenrindenbilder erhält man ebenfalls bei Versuchen mit Radiumemanation. Je nach Einwirkungsdauer entsteht das Bild der Nebennierenrindenhypertrophie mit einer starken Anhäufung sudanophilen Materials und Verbreiterung der Rinde oder völlige Entlerung.

Wir nehmen daher an, daß es sich primär bei unseren Ergebnissen nicht um eine Schädigung des haemopoetischen Systems durch direkte Einwirkung des Alphastrahlenreizes handelt. Auf dem Umweg über das Hypophysen-Nebennierenrinden-System kommt es jedoch zu einer Anregung der Nebennierenrinde mit vermehrter Bildung von Rindenhormonen bzw. zu deren verstärkter Ausschüttung. In weiterer Folge treten dann die für diese Hormone typischen Veränderungen im Blutbild, Knochenmark und in der Milz auf. Während aber die Blutbild- und Knochenmarksveränderungen nach ACTH und Cortison flüchtiger Natur sind und bei Dauerbehandlungen weitgehend zurückgehen, fällt in unseren Versuchen vor allem im Knochenmark auf, daß bis zu einer Beobachtungsdauer von 58 Wochen nach der Einwirkung der Emanation diese Gleichgewichtsstörungen im Lymphozyten-Granulozytenverhältnis sowie die Linksverschiebung im Knochenmark nicht reversibel sind. Die für einen Strahlenschaden typischen Veränderungen im Knochenmark treten hiebei jedoch noch nicht auf.

Drei wesentliche Fragestellungen bedürfen einer weiteren Klärung:

1. Sind die im Knochenmark der Vt beobachteten veränderten Zellverteilungen mit Linksverschiebung bereits als Schädigung zu werten? Bei Bergleuten, die mehrere Monate der Inhalation von Radiumemanation ausgesetzt waren, mußte dies bejaht werden [27, 28]. Die Möglichkeit einer Schädigung des menschlichen Organismus durch Radondosen, wie sie im Thermalstollen Böckstein/Badgastein und auch andernorts therapeutisch angewandt werden, erscheint unwahrscheinlich. Die Dauer der Emanationseinwirkung beträgt bei einer Kur von 10—12 zweistündigen Aufenthalten im Stollen maximal 24 Stunden und ist,

wie sich aus den Untersuchungen an den obgenannten Bergleuten einwandfrei ergeben hat, zu kurz, um einen Strahlenschaden zu erzeugen. Wohl aber ist auch bei dieser nur kurzdauernden Inhalation von Radiumemanation die hormonelle Anregung nachweisbar.

2. Welche Bedeutung kommt in diesem Zusammenhang den Zerfallsprodukten von Radiumemanation zu? Auf dieses Problem haben gerade in jüngster Zeit Arbeiten aus dem Institut für Biophysik in Frankfurt a. Main (Direktor: Prof. Dr. Dr. B. Rajewsky) hingewiesen.

3. Das Problem der Toleranzdosis für die Inhalation von Radiumemanation: Wir haben versucht, für diesen Fragenkomplex einen Beitrag zu leisten, der andernorts erscheinen wird. Auf Grund unserer Untersuchungen erscheint uns die von der I. C. R. P. 1953 empfohlene Toleranzdosis von 10^{-10} C/l Luft bei Dauereinatmung zu hoch zu liegen und bedarf u. E. einer erneuten Überprüfung.

Für die unermüdliche Mithilfe bei der Auszählung der zahlreichen haematologischen Präparate bin ich der med. techn. Assistentin, Frau A. Becker, zu großem Dank verpflichtet.

Zusammenfassung

In 16 Versuchsreihen wird der Einfluß von Radiumemanation verschiedener Konzentration und verschieden langer Einwirkungsdauer auf Blutbild, Knochenmark und Milz von Versuchstieren untersucht. Dabei werden reversible und irreversible Veränderungen im haemopoetischen System festgestellt, jedoch keine pathologischen Zellformen sowie Ab- und Entartungserscheinungen. Diese Befunde werden in erster Linie auf den Einfluß von Radiumemanation auf hormonellendokrine Faktoren zurückgeführt; es wird jedoch die Frage offen gelassen, ob die nach lang dauernder Einatmung beobachteten irreversiblen Veränderungen im Knochenmark bereits als Strahlenschaden zu betrachten sind. Auf die Unschädlichkeit einer kurz dauernden Einwirkung von Radiumemanation, wie sie therapeutisch angewandt wird, wird hingewiesen.

Literaturverzeichnis

[1] Klieneberger, C.: Die Blutmorphologie der Laboratoriumstiere, J. A. Barth, Leipzig 1927.
[2] Hittmair, A.: Kleine Haematologie, Urban & Schwarzenberg. Wien 1949.

[3] Langendorff, H.: Strahlentherapie **90** (1953), 408.

[4] Henn, O.: 33. Sonderband zur Strahlentherapie (1955), 50.

[5] Lawrence, J. S., H. H. Dowdy und W. N. Valentine: Radiology Syracuse **51** (1948), 400.

[6] Jacobson, L. O., E. K. Marks und E. Lorenz: Zit. b. H. Langendorff, Strahlentherapie **90** (1953), 408.

[7] Chamberlain, A. C., F. M. Turner und E. K. Williams: Brit. J. Radiol. **25** (1952), 169.

[8] Spargo, B., J. R. Bloomfield, D. J. Glotzer, E. Leiter-Gordon und O. Nichols, J. Nat. Cancer Inst. **12** (1950), 615.

[9] Jones, H. B.: Radiology Syracuse **51** (1948), 417.

[10] Jacobson, L. O., und E. K. Marks: Radiology **49** (1947), 286.

[11] Barnes, W. A., und O. B. Fürth: Americ. J. of Röntg. **49** (1943), 662.

[12] Seyss, R.: Wien. Ztschr. inn. Med. **33** (1952), 107.

[13] Widmann, H., und R. Ludwig: Strahlentherapie **89** (1952), 243.

[14] Pape, R.: Strahlentherapie **91** (1953), 108.

[15] Pohl, R.: Wien. klin. Wschrft. **65** (1953), 211.

[16] Price, C. H. G., Brit. J. of Radiol. **21** (1948), 481.

[17] Noorden, v. G., und W. Falta: Zit. b. P. Lazarus, Handbuch der Radium-biologie und -therapie, Wiesbaden, J. F. Bergmann, 1913.

[18] Inouye, K.: Strahlentherapie **64** (1939), 175.

[19] Nemenow, M., und R. Gurewitsch: Strahlentherapie **50** (1943), 693.

[20] Schraub, A.: Naturf. u. Med. in Deutschland, Wiesbaden, **21** (1948), 145.

[21] Velden, v. d. R.: Dtsch. Archiv f. klin. Med. **108** (1912), 377.

[22] Vries, I. A. de: Journ. of Immunol. Baltimore **65** (1950), 1.

[23] Smith und Mitarbeiter: Zit. b. K. Fellinger und J. Schmid, Klinik und Therapie d. chron. Gelenksrheumatismus, W. Maudrich, Wien 1954.

[24] Selye, H.: Stress, Montreal 1950.

[25] Ellinger, F.: Radiology Syracuse **50** (1948), 394.

[26] Langendorff, H., und W. Lorenz: Strahlentherapie **90** (1953), 408.

[27] Henn, O.: Strahlentherapie **94** (1954), 441.

[28] Henn, O., und F. Leibetseder: Strahlentherapie **97** (1955), 435.

Erklärung zu den Abbildungen

Graphische Darstellung der Knochenmarksverhältnisse:

Äußerer Ring: mittlere Werte der Kontrolltiere in Prozenten.

Innerer Kreis: mittlere Werte der Versuchstiere in Prozenten.

Erythropoese,   Mesenchymzellen,   Granulopoese,   Lymphozyten.

Abb.

1 Maus, 32 Tage in $1,8 \cdot 10^{-9}$ C/l: Linksverschiebung.

2 Meerschweinchen, 32 Tage in $1,8 \cdot 10^{-9}$ C/l: Linksverschiebung.

3 Meerschweinchen, 46 Tage in $1,8 \cdot 10^{-9}$ C/l: Linksverschiebung.

4 Meerschweinchen, 4 Monate in $1,0 \cdot 10^{-9}$ C/l: starke Linksverschiebung.

5 Maus, $1,0 \cdot 10^{-9}$ C/l: starke Linksverschiebung.
    a) 1 Woche, b) 15 Wochen.
    c) 15 Wochen Rn-Einwirkung, Nachbeobachtung 16 Wochen.
    d) 15 Wochen Rn-Einwirkung, Nachbeobachtung 23 Wochen.

6 Maus, $1,0 \cdot 10^{-9}$ C/l: zunehmende starke Linksverschiebung.
    a) 1 Woche.
    b) 13 Wochen Rn-Einwirkung, Nachbeobachtung 16 Wochen.
    c) 13 Wochen Rn-Einwirkung, Nachbeobachtung 30 Wochen.
    d) 13 Wochen Rn-Einwirkung, Nachbeobachtung 58 Wochen.

7 Maus, A-Tiere, 7 Wochen in $14,5 \cdot 10^{-9}$ C/l: Linksverschiebung.
    a) 1 Woche, b) 3 Wochen, c) 4 Wochen, d) 7 Wochen.

8 Maus, J-Tiere, 7 Wochen in $14,5 \cdot 10^{-6}$ C/l: Linksverschiebung.
    a) 1 Woche, b) 3 Wochen, c) 4 Wochen, d) 7 Wochen.

9 Meerschweinchen, A-Tiere, 7 Wochen in $14,5 \cdot 10^{-9}$ C/l: Linksverschiebung.
    a) bis d): 1, 2, 4, 7 Wochen.

10 Meerschweinchen, J-Tiere, 7 Wochen in $14,5 \cdot 10^{-9}$ C/l: Linksverschiebung.
    a) bis d): 1, 3, 4, 7 Wochen.

11 Kaninchen, 7 Wochen in $14,5 \cdot 10^{-9}$ C/l: Linksverschiebung.
    a) bis d): 1, 2, 4, 7 Wochen.

12 Maus, 5 Tage in $14,5 \cdot 10^{-9}$ C/l: Linksverschiebung.
    a) bis d): 1, 2, 3, 5 Tage.

13 Maus, A-Tiere, 4 Wochen in $14,5 \cdot 10^{-9}$ C/l: Linksverschiebung.
    a) 4 Wochen.
    b) 4 Wochen Rn-Einwirkung, Nachbeobachtung 3 Wochen.
    c) 4 Wochen Rn-Einwirkung, Nachbeobachtung 6 Wochen.

14 Maus, J-Tiere, 4 Wochen in $14,5 \cdot 10^{-9}$ C/l: zunehmende Linksverschiebung.
    a) 4 Wochen.
    b) 4 Wochen Rn-Einwirkung, Nachbeobachtung 3 Wochen.
    c) 4 Wochen Rn-Einwirkung, Nachbeobachtung 6 Wochen.
    d) 4 Wochen Rn-Einwirkung, Nachbeobachtung 10 Wochen.

15 Maus, 6 Wochen in $14,5 \cdot 10^{-9}$ C/l: starke Linksverschiebung, Mesenchymzellen vermehrt.
    a) bis e): 1, 6, 11, 17, 23 Wochen Nachbeobachtung.

16 Maus, 12 Wochen in $14,5 \cdot 10^{-9}$ C/l: starke Linksverschiebung, Mesenchymzellen vermehrt.
    a) bis f): 1, 4, 10, 16, 25, 31 Wochen Nachbeobachtung.

Tafel I

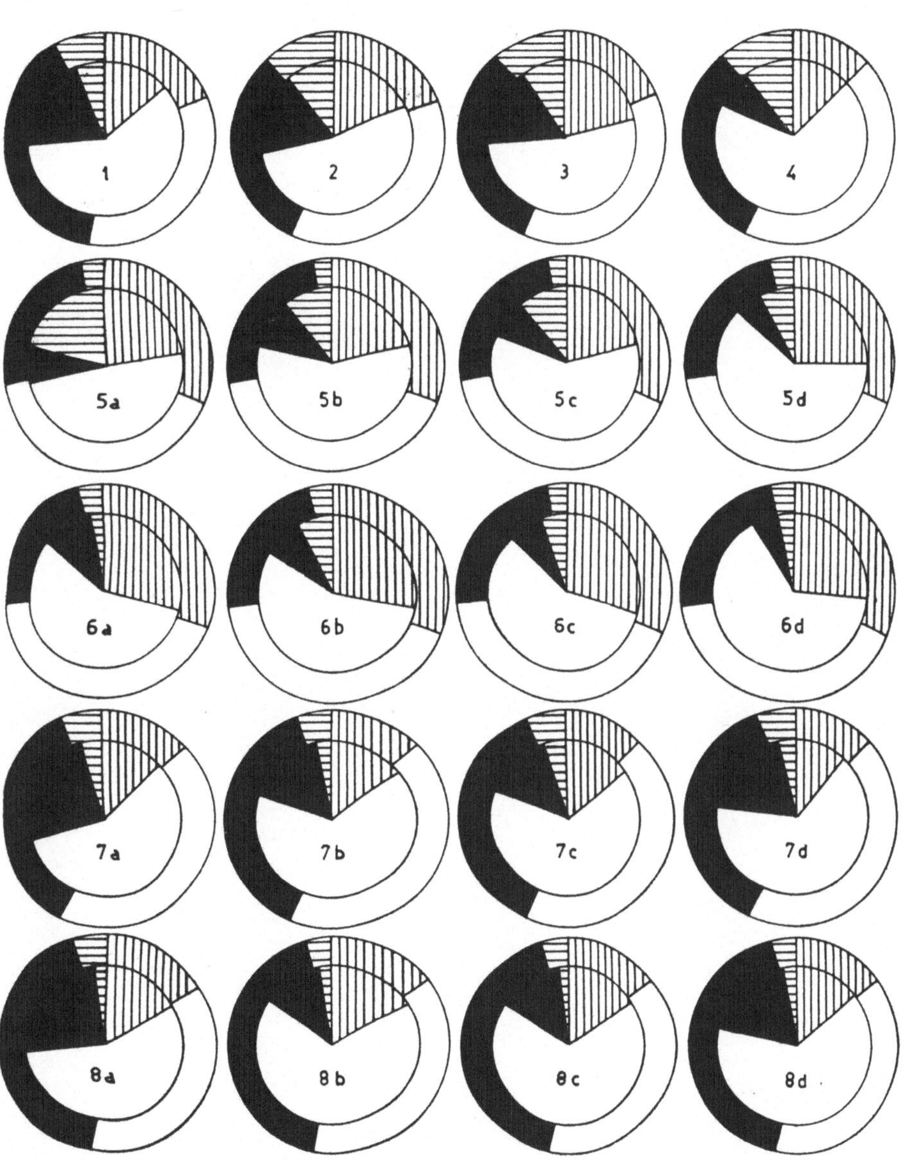

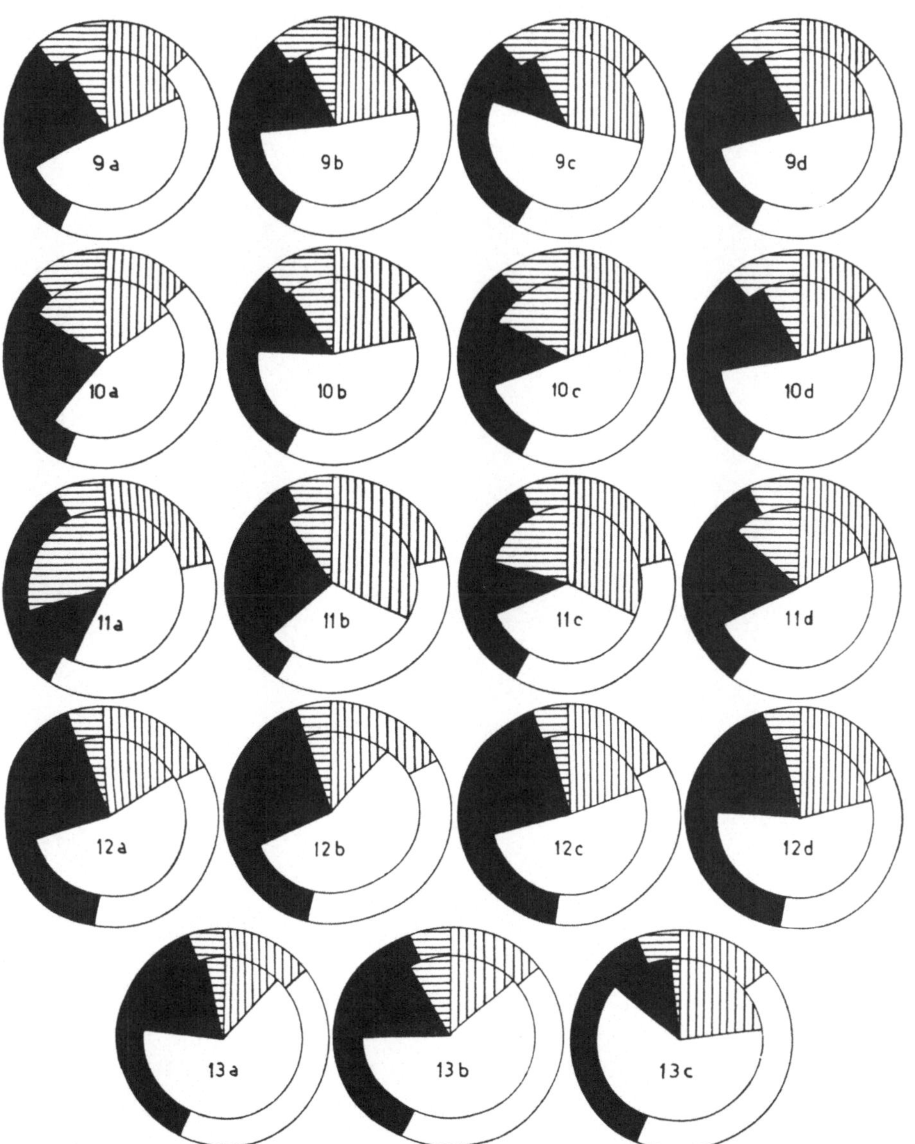

Tafel III

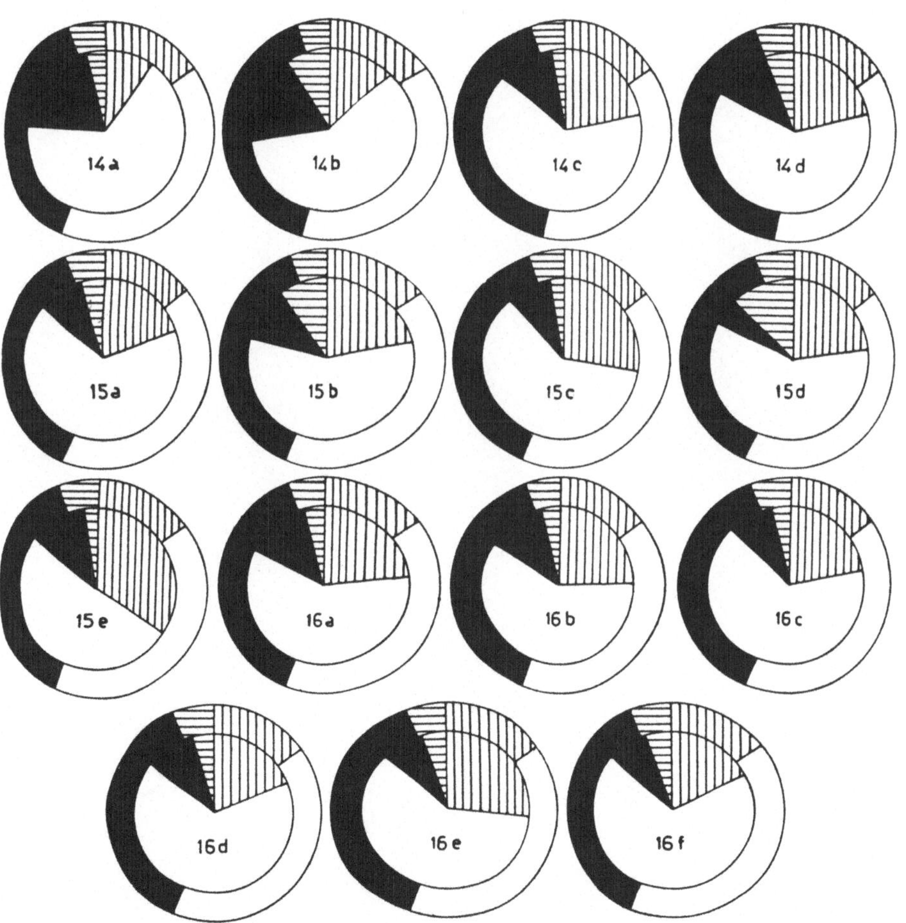

Hawliczek F.: Über die Verwendung des Elektrokardiographen als Registriergerät in der Radiokardiographie (mit 3 Abbildungen), MIR Nr. 486, 4 Seiten. S 4.—

Hießberger F. und Karlik Berta: Weitere Untersuchungen über das Astatisotop 218 (mit 7 Abbildungen), MIR Nr. 487, 13 Seiten. S 8.30

Lang K.: Die spektrale Energieverteilung einer Neonlinie bei verschiedenen Entladungsbedingungen (mit 7 Abbildungen). 22 Seiten. S 13.80

Schneider W. und Matitsch T.: Eine photographische Methode zur quantitativen Bestimmung von Actinium (mit 3 Abbildungen), MIR Nr. 488, 19 Seiten. S 6.30

Tungl E.: Anschluß von Stäben mit ⊏-Querschnitt (mit 3 Abbildungen), 9 Seiten. S 10.60

Wänke H.: Ein elektronisch-optisches Verfahren zur Aufzeichnung der Amplitudenverteilung elektrischer Impulse (mit 16 Abbildungen), MIR Nr. 489, 22 Seiten. S 13.50

Weinzierl P.: Herstellung linearer RaDE-Präparate aus hochgereinigter Radiumemanation (mit 2 Abbildungen), MIR Nr. 493, 12 Seiten. S 9.—

1953 (S II a, Bd. 162):

Blöch R.: Die Bildung von Oberflächenkristallen auf Alkalihalogeniden, Fluorit und Kalzit bei Bestrahlung mit Polonium (mit 4 Abbildungen), MIR Nr. 494. S 8.20

Drexler O.: Die Farbzentrenausbeute in Steinsalz für β-Strahlen mittlerer Energie (mit 8 Abbildungen), MIR Nr. 498. S 12.—

Herglotz H.: Zur sekundären Erregung des Chrom-Kα_3-Satelliten (mit 11 Abbildungen) S 12.80

Pohl E.: Ein neues Emanometer für Präzisionsmessungen mit vielseitiger Verwendungsmöglichkeit (mit 5 Abbildungen). Mitteilung aus dem Forschungsinstitut Gastein Nr. 88. S 12.40

Przibram K.: Über die Farb-Bänderung des Fluorits (mit 3 Abbildungen), MIR Nr. 497. S 10.90

Tomiser J.: Analyse von Sulfonamidgemischen mit Hilfe des Ramaneffektes (mit 9 Abbildungen). S 14.60

Tomiser J.: Ramanspektren von Sulfonamiden (mit 21 Abbildungen). S 47.20

Treitl K.: Über die Verfärbung von NaCl, KCl und CaF$_2$ mit Kathodenstrahlen (mit 8 Abbildungen), MIR Nr. 500. S 8.90

1954 (S II, Bd. 163):

Glaser W.: Licht und Materie in einheitlicher Deutung. S 52.—

Pohl E. und Pohl-Rüling Johanna: Radioaktive Luftmessungen im Raum von Badgastein und Böckstein (mit 4 Abbildungen). S 14.80

Pohl-Rüling Johanna: Über die Durchlässigkeit von Gummi und Plastikstoffen für Radium-Emmanation (mit 1 Abbildung). S 4.—

Pohl-Rüling Johanna und Pohl E.: Neue Bestimmungen des Radium- und Radon gehaltes einiger Austritte der Gasteiner Therme. S 5.—

Przibram K.: Über die Verteilung von Farbzentren und anderen Störungen in natürlichen Steinsalzkristallen (mit 5 Abbildungen) MIR Nr. 503. S 6.60

Schmid E. und Lintner K.: Über die Bedeutung eines Bombardements mit Korpuskularstrahlen für die Plastizität von Metallkristallen (mit 5 Abbildungen). S 12.—

1955 (S II, Bd. 164):

Blaha F.: Einige Wachstumsformen von Cd-Kristallen (mit 10 Abbildungen). S 9.—

Hawliczek F.: Stabilisierte Impulshochspannungsgeneratoren zum Betrieb von Geiger-Müller-Zählern und Szintillationszählern (mit 7 Abbildungen), MIR Nr. 508. S 13.40

Koller K.: Der Atomkern als Elektronenkristall (mit 2 Abbildungen). S 18.—

Koller K.: Der Atomkern als Elektronenkristall, II. Mitteilung (mit 3 Abbildungen). S 10.—

Matiasek Christine: Untersuchungen des Spektrums der Konversionselektronen von Actinium X mit der photographischen Methode (mit 3 Abbildungen), MIR Nr. 511. S 7.90

Matitsch T.: Weitere Versuche zur Entschleierung von β-empfindlichen Emulsionen, MIR Nr. 513. S 4.90

Polak A.: Messungen der elektrischen Leitfähigkeit der Luft in Badgastein. S 16.70

Schedling J. A. und Wein J.: Differentialthermoanalytische Untersuchungen an CaSO$_4$. 2 H$_2$O und seinen durch Entwässerung entstehenden Folgeprodukten (mit 6 Abbildungen). S 13.—

Tisljar-Lentulis G. und Weinzierl P.: Über eine Methode zur Messung extremer Intensitätsrelationen zwischen positiven und negativen Elektronen (mit 5 Abbildungen), MIR Nr. 510. S 11.—